人人都需要品牌，人人都是品牌

個人品牌獲利方程式

資深品牌設計師
許 國 展
Jackson Hsu

PERSONAL BRAND
MAKES MONEY FORMULA

品牌力＝影響力＝變現力

在社群媒體蓬勃發展的今日，自媒體經營可以說是一門顯學，人人在社群上隨時可以開啟自己的帳號，接著就能對這個世界發聲。

這是創業最好的年代，卻也是最殘酷的年代。

因為每個人輕易就可以對世界宣傳你的理念、產品、服務，任何一切你想說的；不過同樣的，也因為每個人都能這麼做，你要如何從茫茫網海中吸引人們的注意，甚至持續抓住對方的注意力，最終把流量變現，就是一個刻不容緩、需要立刻被解決的難題！

在這個時候，聽聞國展老師即將出版他的新書《個人品牌獲利方程式》，這完全給了上述難題一個最棒的解答！

品牌力＝影響力＝變現力

如果你想在這競爭激烈、萬家爭鳴的社群媒體時代脫穎而出，而且不僅僅是擁有粉絲、被關注，更重要的是透過你建立起的個人品牌擴大影響力，進而把影響力變現，擁有豐厚的獲利——那你絕對不能錯過國展老師的這本書！

現在就立刻把這本書帶回家，好好研讀並快速實踐吧！

Terry Fu 傅靖晏
《一台筆電，年收百萬》暢銷書作者

個人品牌化已全面來臨，你就是你的品牌

在現在的網路世代，打造個人化品牌是必然的趨勢！這本書裡，國展老師和大家分享如何建立個人品牌，以及如何幫助你的客戶同時提升個人品牌價值。並且透過一套驗證有效的系統，不管是在執行專案設計以及協助客戶的過程中，可以更加有效率，真的是相當實用的執行系統。

透過溝通力完整掌握到客戶的需求，再將客戶的需求使品牌創造出更高的價值。每一個環節都是設身處地為客戶設想，以品牌核心、老闆理念、企業發展給予完整定位。

設計師不只是會設計就好，在競爭激烈的市場要做出差異化是越來越難了，哪個行業都是一樣，因為永遠會有比你更低的價格或提供更多額外服務，但是，做個人品牌最重要的就是你所提供的價值永遠要高於你的價格。並且要持續不斷產生內容，經營好自媒體，持續曝光讓更多人認識你，同時給予更多超乎客戶所期待的價值，這些都是快速累積個人品牌力的方法。

只要把個人品牌建立好，就能吸引目標受眾族群的目光，因為個人品牌信任度是持續給予價值而建立起來的，同時客戶也會更加認同你。

擁有此本書，就如同有一位「頂尖品牌定位師」在你身邊指導你將個人品牌做到最好，真心推薦給各位。

Miana Chen 陳采婕
達宇國際有限公司營運長

帶著你從 0 到 1 成為設計師的實踐手冊

真誠、有創意、沒有太多的商業算計，同時擁有極大的彈性及配合度，是我和國展相處多年的感受。下列三項是我強力推薦這本書的理由：

這是一本從「心法」到「做法」，毫不藏私並且邏輯性的步驟化，帶著你打造個人品牌的最佳指南。

國展把他如何從素人到設計師的過程，一步一步的記載下來，沒有太多花招，是所有想創造一人事業的秘笈。

透過國展親身的故事，在市場上數十年的摸索、修正、驗證，把你可能遇上的挑戰與正確的方式，都徹底地記錄下來，值得一看再看。

華人出版經紀人　卓天仁 Tim

十年磨一劍

設計師許國展以簡潔扼要的文字，直接又詳細地陳述十年來之設計師經驗與心路歷程，由起初的「美工」身份，進而成為「美編」，終究成為「品牌設計師」。工作內容由平面設計、Logo設計、網站設計等過程磨練。從印刷、報價、成本、市場行銷，逐步成長到「專業的設計師」，接著更上一層樓，成為有能量的品牌設計師，工作內容更進一步踏出純設計領域，結合品牌設計與品牌推廣、網頁設計等領域。

耗時十年有成的經歷，可說激勵人心，過程可作為年輕人之參考與借鏡，每一個進階的故事，都可以發現下一個目標與遠景，努力精進不懈，本書以簡易通俗的文字精闢講到許多精彩之過程與心得，特別推薦此書，希望讀者詳加閱讀，不但有趣，亦可獲益良多，這本書是值得收藏的。

澳洲僑務委員 / 世界多元文化藝術協會創辦人　陳秋燕

有實力也要多曝光！

認識國展已十多年，一路看他突破個人的極限，創造與眾不同的設計師之路。從他開始設計我們共同的上班族社團洋幫辦 logo 開始，我就感到一股善的力量，我常說：「幫助別人創業成功是自己創業成功的捷徑。」國展完全在這件事情上發揮地淋漓盡致，不論是我們友善土地的小農公益活動視覺設計，還是社團內幫友成立公司需要的 CIS 視覺設計，他總是二話不說，捲起袖子立馬處理，也讓他廣結善緣，建立個人設計師品牌。

前陣子和他聯繫，知道他全家到澳洲，沒想到他還是家裡的經濟支柱，客戶也從台灣擴大到亞洲，甚至全世界，這完全呼應了網路無國界，知識工作者有一技之長，不論人在哪裡，都能夠發光發熱。

尤其在台灣這波疫情大爆發情況下，這本書的內容，更可以讓大家去思考，到底工作的本質是什麼，以及你到底為了什麼而去工作，當失業或無薪假大浪過去後，你真正的實力，才能有辦法活下來，「個人品牌獲利方程式」就是最好的解答！

張佑輔
綠黨不分區立委候選人 / 洋幫辦
愛樂活社會企業 /FitGlasses 共同創辦人

最完整的個人品牌經營指南

在平面設計這奇幻旅程上，總會有幾個魔幻時刻，驚覺自己好像成長了，但多數都是在自我質疑跟決定轉職間來回拉扯。質疑自己真的適合這個職業嗎？該接這個案子嗎？該說出我的意見嗎？該幫這個忙嗎？……等等一連串看似荒謬但卻每刻在發生無比真實的肥皂劇碼。

設計這份職業在台灣目前沒有制式的職涯發展方向跟專業技術認證，每位設計師只能透過不斷努力讓自己被看見，所以我們努力加班、努力修改、努力趕稿、努力自我貶低。為的就是展現我們所謂的價值，來換取微不足道的重視及報酬。但結果通常是令人失望的，比非常努力還要可怕的不是不努力，而是自以為有在努力。

如果在踏入這行之初要做三件事，我推薦保持運動習慣、培養幽默感及熟讀這本《個人品牌獲利方程式》。國展以自身數十年的血淚經驗，將設計歷程做全盤分析，堆疊經驗發展自身價值，逐步成為自己理想樣貌的設計師。書中許多章節真實到令人無法呼吸，每個案例仍重重的衝擊我的價值觀，重新審視自己的職涯方向。

自律會成為習慣，習慣將造就個性，而個性會決定你的命運。

帶上這本書，讓我們一同踏上這場奇幻旅程吧。

目來設計 創辦人 / BNI 大和商會前主席　賴永盛

人人都需要經營個人品牌

「做設計原來是在幫助解決傳遞訊息的問題。」這句話說得真棒。或許是多數埋頭自己行業中，即便自己只是公司一個螺絲釘，都可以藉此訓練出獲利。或者我們的才華和崗位都是為了幫助某些人解決某些特定的問題呢？如果有這樣的思維，一定能讓更多人在工作上充滿更多熱情，也更具有解決問題的意願吧。

個人品牌一直是這幾年被我掛在嘴邊的話，你和他人開價的差距，有時候就來自於你從未在意的個人品牌。某些昂貴品牌，光是把大大的 Logo 放到包包上、圍巾上，或是只佔據一個小小的地方，就可以讓這個產品，因為品牌力量提升了十倍甚至百倍。

有些人花大錢設計的 Logo，看起來高端大氣上檔次，卻從沒有讓任何人知道品牌所傳遞的價值和意義。而這一點，或許是設計師更應該向顧客闡明的，不是 Logo 美就好，Logo 在群眾心中代表了什麼，才是我們更需要努力的方向。國展設計師之所以要為客戶進行品牌診斷和定位，我想也是這個道理。江湖在走，定位要有。自己都不明不白，別人也就看得雲裡霧裡。

恭喜願意和客戶溝通定位的設計師，國展老師出書了，在此推薦這本書給更多對於設計以及品牌定位有興趣的朋友，相信一定對你有很多幫助喔。

《遇見更好的自己》作者　陳珮欣

設計師都值得擁有的一本書

一名好的設計師，像一位善解人意的伴侶，即使你不說話他也知道你要什麼。

很多人以為設計就是美感的呈現，其實設計並不只是美感，「適合」才是設計裡最重要的靈魂！也沒有所謂的好與壞，符合客戶的需求才是最好的設計。

就像一位適合一起生活，善解人意的伴侶，比起一位外貌沉魚落雁或者帥氣逼人的對象，來得重要多了不是嗎？！

能夠正確，快速地幫客戶用設計傳遞消息，讓消費者買單，幫助客戶獲利，才是真正的「好設計師」。一名成功擁有個人品牌魅力的設計師，是由心出發，細心觀察客戶的需求和想法，溝通能力遠比技能更重要。

很開心看到國展的這本書，讓走過設計路十幾年的我，重新復習了一遍那段設計的顛簸創業路。最珍貴的是，這本書節省了很多想要走設計的學弟妹們最寶貴的時間。作者曾經花了十多年的莽莽撞撞，換來的珍貴經驗，讀者可以直接走最精華的路。

人生就是一場長遠的設計路，必然是求學、交朋友、找伴侶、找工作，無一不在設計的範疇內，洞悉設計的道理，就算洞悉了人生作品！

「TOKYO'Ef」創辦人　陳飄飄

各界好評推薦

很多人誤以為只有創業者、網紅才需要建立個人品牌，其實在新冠肺炎疫情肆虐的此刻，更需要打造個人品牌，讓您的專業技能和經驗形成獨特的組合，進而從眾多專業人士中脫穎而出。

打造個人品牌的真正重點，其實是扮演好自己的角色，並且理解他人眼中的自己，又是什麼樣的角色？很高興看到品牌設計師許國展，推出他的最新力作《個人品牌獲利方程式》，不但根據多年設計經驗整理出可行的獲利方式，對於設計師朋友以及社會大眾而言，更是一本深具實踐參考價值的好書。

《內容感動行銷》、《慢讀秒懂》作者　鄭緯筌

臺灣疫情突然在 2021 年 5 月開始變得嚴峻。很多企業面臨這波巨大的衝擊，都在思考如何生存下去。尤其，華人社會總覺得見面三分情，但在防疫政策採取盡量減少人與人接觸的前提下，讓許多工作推行變得更加困難。

若有一套方法，可以讓你單純秀出自己的名字，就讓對方買單，我相信這個方法絕對可以大賣。現在，你只要花兩小時仔細閱讀，就可以快速吸取作者十幾年來的實作經驗。趕快翻開這本書吧！願大家安穩渡過疫情，一切平安。

恆安法律事務所主持律師　賴佩霞

這本書或許可以成為你創立個人品牌的起步。隨著網路發達，無論身處在任何社群平台，無論任何職業都需要思考個人品牌這件事情。建立起一個品牌是不容易的事情，除了了解自己的受眾、安排規劃每日分享的貼文內容，或者是建立起自己的盈利模式等。雖然這些事情對有經營社群經驗的人來說，是一個基礎，但是對一名素人而言，似乎是一件非常高難度的事。不過這本書提醒我一件事情，或許自己建立品牌的起步，可以從一個Logo、思考自己的視覺識別開始。

職業插畫家　陳于峰（諾米）

早年在大學時期，修了一門美學藝術與經濟價值的課程。內容重點在於如何運用不易變現的概念，產生龐大的經濟價值。學期末，我特地選了生命產業主題報告，作為對課程最後的理解！

看完《個人品牌獲利方程式》，發現國展把知識跟實務做了很工整的剖析跟註解。把個人、美學、品牌細部拆解，再無違和感的組合！

在這個數位、KOL 的時代，讓個人成為特定產品、服務、族群建立影響力，成為品牌，搭上不同面向的美感，著實有助於商業的實行與變現！

新的年代、新的思維、新的實踐，學習前人整理好的經驗，讓自己省下走冤枉路的時間！

以熙國際共同創辦人 / BNI 台北市北區區域董事　李抱一

剛開始認識國展是七、八年前我們一起加入 BNI 早餐會，那時的他雖然年輕，卻很熱心、細心、主動幫忙會友，除了為我們的 BNI 分會製作名片，也幫忙很多會友設計屬於專屬於他們自己企業的 Logo，讓大家的事業成長！

前年我成立存奕美學診所，當時求助國展，請他協助設計診所的品牌形象建立。國展很專業，花很多時間了解我開設「存奕美學診所」的初衷——想要讓每個來診所的客人得到健康、美麗，從而神采奕奕、容光煥發。幫我做品牌診斷，也在接下來診所的 Logo、企業形象識別、名片製作、官網設計，投入很多心血，所以我很感謝國展這一路的陪伴讓診所茁壯成長，這次他出書了，也向大家推薦國展的專業！

前台北馬偕醫學中心主治醫師 / 存奕美學診所院長　周建存

用個人價值創出自己的獲利系統

創建個人品牌價值，其實需要非常多的條件，這些條件必須要花很長的時間去累積。包含技術、溝通、個人魅力、長相，也包含自己跟別人相處的緣分。

不論如何，自己該做的事，就是不斷地累積自己現在在做的事情，持續做記錄。早在二十年前，我就有做各式各樣的記錄的習慣，累積很多手寫的紙張筆記與草圖。記錄著生活的點點滴滴，草圖設計、日記、創意思考關鍵字等等。當時，我就有一種感覺，這些東西或許對未來的自己有幫助，就傻傻地把這些手寫草圖跟日記全部留下來。

從 1998 年開始一直到現在，將近至少有二十年的時間歲月過去，我才知道這些草圖真正帶給我的價值在哪裡。它幫助我成交案子、釐清設計思維、創建設計系統、從繁入簡、檢討自己的錯誤、找出新靈感等等。這就是個人品牌的魅力累積，二十年來我累積了草圖數本，累積幾千個靈感關鍵字，一瞬間，我知道這是金錢無法衡量的豐富資產，而且所有資源都累積在我個人身上。

所以《個人品牌獲利方程式》裡所說的，就是希望你可以不斷地去做一些累積價值的事情。不論你是設計師、公務人員、上班族，或者你是企業老闆、創業家、商務人士都好。你現在做的任何事情，都是在累積個人品牌魅力與聲譽。即便你是一家公司的老闆，那都是你個人品牌在推動企業品牌前進，所以這個時代需要的就是「個人品牌魅力」的展現。

個人品牌魅力越大，粉絲越多，那麼獲利就會越多。而且你必須要有一套自己的工作系統，一套快速可行的工作系統。這個系統是可以幫助你在短時間內快速產出你要的東西。

這就是個人品牌獲利方程式！

我用了自己的設計思維跟設計的方程式來產出一些設計作品，讓自己的工作更加順暢。很多設計師工作了五年、十年，甚至二十年，也會創出一套屬於自己的完稿方式和工作系統，方便自己工作得更有效率，快速完成客戶所託付的任務或期待。

任何產業都一樣，每個人都會有一套自己的工作作業系統＋個人品牌展現。客戶要找的，是你這個人加上專業能力，無形中，我們就已經在打造個人品牌獲利方程式。那麼，個人品牌的獲利方程式有什麼好處？

這裡指的不僅僅只是金錢上的收入，包含你的黃金人脈圈，你的思維不斷在升級、想法也不斷在擴充與深化，這些都是屬於個人品牌的魅力累積跟個人品牌價值的累積。

個人品牌獲利方程式能帶給你的，除了幫助自己獲利之外，還能用自己的專業幫助別人獲利，而且是持續性的獲利。

當然，本書主要是引導你創造出自己的獲利方程式，這些獲利的關鍵與元素，都是你本來就會的東西，只是有時候你並沒有花時間將它記錄下來，如果你能運用本書的方法記錄下來，那麼你也會有一套專屬你自己的「個人品牌獲利方程式」。

如果本書內容能真正幫助到你，讓你有所覺醒與成長的話，那麼我的目的就達成了。因為很多時候，我們自己有一些秘笈跟方法，不太會去整理出來教別人，覺得自己夠用就好了。也許我們會認為別人是我們的競爭對手，其實有時候並不是這樣子的。有時候，我們幫助別人獲利，同時也是在幫助自己累積豐富的人脈資源。

所以設計師跟設計師可不可以彼此合作？當然！

律師和律師可不可以彼此合作？當然！

透過系統可以打破很多框架，你可以合作的資源就更多，但是要記住一點，就是時間規劃一定要拿捏好，不要一股腦兒去幫助別人，到最後自己什麼都沒有獲利，這不是我的初衷，也不是本書出版的目的。這一套系統是可以幫助你跟幫助你身邊的人真正獲利，這才是你真正要做的事情，而且是由你自己個人品牌為出發點，持續擴散出去。

本書就是要幫助你做這件事情，你看懂了，做出系統，那就是我最最最大的願望。

希望這本書的內容真的可以幫助到你，而且是在未來十年、二十年仍然持續有幫助，當你事後回想起來時，你還會記得這本書的內容，甚至不斷地落實在生活與工作裡。因為我就是這樣走過來的，我就是這樣子一點一滴打造系統、修正系統直到獲利。

經過這些過程後，再把所有的內容全部濃縮在這本書裡分享出來。

這段心路歷程其實不好走，少不了孤獨、誤解、漠視、嘲笑。但請永遠記住一件事，要謙遜學習任何事物，即便你可能在低潮或是谷底，短時間內沒有收入，一樣要做記錄、寫日記、畫草圖，因為將來，這些都會變成有濃厚溫度的感人故事。

在寫這篇自序時，我正行駛在國外 500 公里的路上，路邊滿是甘蔗田與蔚藍的天空，還有看不到盡頭的道路。

我想人生也是這樣，就因為有太多的未知數，才會覺得苦盡甘來。那些能在商場上呼風喚雨，決定別人工作大權之人，肯定在個人品牌上下足了很多功夫，才有了自己的獲利方程式，這個獲利方程式也為他贏得了掌聲、喝采、以及家人的尊重。更帶給他長期成長的夢想，讓他獲得他想要的生活品質。

你我的人生都只能走過一遍，記錄，會使我們生命更加豐富；系統，會讓後世的人永遠記住你。

最後，獻給正在努力的你，一切順心，那麼，我們開始本書的內容吧。

Chapter 2 讓技能帶入系統才會賺錢

Chapter 3 用無形資產打造有形資產

Chapter 4 個人品牌結合有形資產的獲利方式

Chapter 5 品牌心經術，喚醒個人品牌價值

Chapter 6 個人化品牌的合作獲利時代

Chapter 7 啟動品牌自動思考獲利模式

你的設計不會為你帶來收入

PERSONAL BRAND
MAKES MONEY FORMULA

從美工到設計師的成長過程

在過去的十幾年，在我第一年擔任設計師，應該說是擔任美工的時候，專門在做什麼事情？專門在做……改字、修圖、換顏色，幾乎不太會碰到有關「設計」之類的工作。當時老闆給我的任務就是——希望我把設計稿改一個時間、改一個文字、改一個銷售金額。老闆當時說：「其他的部分就先不要做，因為我覺得你就是『菜鳥設計師』。」

所以剛開始做設計的第一年，我就是在做這些事情，每一天都不斷地在修煉、在做技術方面的工作。而我完全認同，這是非常好的練習機會，所以我拼命做，拼命地累積自己的技能，拼命地在找更多的快速鍵方式，用學校所學的所有作品及呈現的技術用在我的電腦、呈現在我的繪圖軟體裡面。這是剛開始，我覺得很有趣的地方，這是我做設計師的第一年。

到第三年的時候，老闆要我做的事情，比較不一樣了。什麼叫做比較不一樣了，那就是在做美編的那段時期，而美編在做什麼呢？就是修修圖、去去背（把一些產品做出一個透明的背景），這樣這個產品圖將來就可以搭配不同顏色的背景。

因為我本身就具備 photoshop、Illustrator 的能力。簡單來說 photoshop 就是在做去背、合成的繪圖軟體，Illustrator 就是在做編排文字、傳單編排的繪圖軟體，兩者結合就可以完成一張海報設計。

做設計的第三年，還叫做是「美工」，美工叫什麼？「美術」的「工匠」，美術的工匠就是把 word 檔裡面的文字訊息轉換成看起來像海報或 DM 的平面設計。那時候我做得非常開心，因為我可以幫客戶把 word 檔變成美美的海報或是 DM，這就是我覺得最不可思議的地方，我那時候心裡想的是：好不容易在學校所學的技能能用在我的工作上面，賺取應有的酬勞。

當時我認為每個月 1.8 萬的收入，真的是非常高，而且是我用學校所學的能力賺來的錢。這就是我當時在想的事情。每天晚上，我都在想明天上班時我可以變出多少款式的 DM 設計、可以變出多少的海報設計，讓老闆更驚艷、讓老闆覺得我好厲害，讓老闆覺得我在公司的貢獻是非常有價值的。這是我設計的第三年，當時我的認知是……我的美編能力跟工作還稱不上是「設計師」。

那時候我真心覺得自己還不配當「設計師」這個角色，因為我覺得我的能力還不到位，有那麼多的前輩已經有多達五年、八年、甚至十年的經驗累積，他們已經到了……只要客戶給稿，做出去的設計稿就不會再被要求「改稿」。當時真的很羨慕！！非常羨慕！！

為什麼那些學長，還在就學就可以接校外的案子。而且科主任、大學的系主任還會幫助他們引薦案子，而我卻沒有。難道是我不夠好嗎？我不夠努力嗎？都不是，那是因為學長曾經有一些接案工作經驗，而我察覺到了這一點，我開始找一些外面案子來練習，甚至回學校教電腦繪圖。而因為這事情，我擔任了小老師，甚至還要幫同學改作業，這是第三年，在當美編角色之後，所做到的職業工作。

第五年，我又開始覺得 DM 設計沒什麼挑戰性、海報設計沒什麼挑戰性、大型海報沒什麼挑戰性。我開始想，不如做 logo 設計好了，搞不好 logo 設計可以滿足我的需求。

當時我就在想，如果有店家找我設計 logo，店家的 logo 又可以像掛招牌一樣掛出來的話，讓更多人看到不就更能大大滿足我的成就感。所以我開始鑽研 logo 設計，我認真積極地去思考怎麼設計 logo，並持續收集各國 logo 的設計作品，我還會去圖書館查閱 logo 設計年鑑，還把所有的 logo 設計年鑑，覺得很棒的、喜歡的，通通影印下來。

為的就是要讓老闆知道，其實我是可以設計 logo 的，平面設計、海報設計……做久也是會膩的！！而當時老闆知道我可以接 logo 設計，老闆腦筋一轉就開始接一些設計 logo 的 case。

曾經有一次……三天要設計一個 logo。那時我手的速度跟操作電腦的速度，其實已經到達一定的水準，那要謝謝以前的自己，很努力練習鍵盤操作速度跟鍛鍊一些基本的專業技能，在電腦繪圖方面基本功練得很足。

做 logo 設計的時候，我會先畫草圖，畫完草圖之後，開始思考，我要如何在電腦裡面快速呈現這樣的一個 logo，當時，這件事情相當的重要，因為在第五年的時候，我開始學習「設計思考」這件事。

何謂「設計思考」，就是去洞悉客戶的需求，開始去問老闆，客戶想要什麼東西；開始去問老闆，客戶需要什麼顏色；開始去問老闆餐廳需要的是什麼樣的風格，想要呈現什麼樣的方式在 logo 設計裡面。這就是「設計思考」的能力，而養成的過程真的需要三到五年的時間。

一個好設計的過程

一般的設計師在做接案的時候，到第三年還不太能了解這些事情，而在第五年才會發現，原來我們還要洞悉客戶的需求，甚至要用「問」的方式來了解客戶真正的需求。好！這件事情我發現之後，我就開始問老闆：請問一下，客戶可能需要什麼東西、他們喜歡什麼顏色，可不可以請你幫我問問客戶是不是想要這個東西。

老闆就說：既然你都問我了，那不如你就直接去問客戶，電話給你，你自己去聯絡、溝通。那時候我就開始接觸「溝通」這件事情，甚至「業務執行」這件事情。

而到第六年的時候，由於接觸的客戶變多了，溝通能力也變強了。開始去接一些案子來做，起初是做一些 DM 設計、海報設計，而且報價都非常低，那時候我就在想，反正是賺錢嘛～先累積作品先……用自己的時間、用自己的工時完成設計稿，那就不要太計較多少了。

那時候還沒有想到要規劃「個人品牌」這件事情……所以就只是拼命地找一些客戶來練習，找一些 logo 設計來練習。就在積極努力的同時，我還是沒有想到要規劃「個人品牌」，所以那時候做了非常多的 logo，第六年時間，我記得大概做了一百多個 logo 設計，那是我花了很多時間，絞盡腦汁設計出來的。

所以在第七年的時候，我與客戶的溝通已經到達一定的水平。老闆就覺得，反正你問那麼多，不如你直接跟客戶溝通，全權交給你去處理。當然老闆也很清楚，既然你能力變強了，你肯定會私下接一些案子，當時老闆也是睜一眼、閉一隻眼。

因為在公司久了，自己就開始想要多做一些不同的事情，比方說「印刷能力」，老闆就覺得：「咦？既然你會平面設計了、你會業務溝通了，那麼印刷的部分你可不可以去找一下，學一下呢？」那時候老闆就這樣講。於是我就想，對耶！！我開始會平面設計，我能不能把名片設計直接做印刷呢？我可不可以把一些 DM 設計好……直接印刷完成呢？我可不可以把一些大圖、海報設計好直接送印刷呢？可以！！於是我開始學習一些印刷能力，當然！！學校也會教一些印刷的技巧，所以我知道印刷的一些流程。但是實務經驗是沒有的，當時在第七年的時候，開始接觸一些印刷設計，開始了解運用 CMYK、什麼叫 RGB，什麼叫 Pantone 色。

漸漸的，我發現一件事情，那就是當設計師有了業務能力、設計能力、印刷能力，好像就可以開始做接案的工作。所以我開始接一些印刷的案子，比方說：我幫客戶設計 logo，設計 DM，就問客戶：「印刷要不要順便包給我做，1000 張多少錢、一張大圖印刷多少錢，我幫你一條龍做到好。」當時我提出這樣的建議時，客戶還非常高興，為什麼？因為他不需要再去找印刷廠，也不需要為了檔案格式而煩惱。

設計師養成的基本能力

這件事情我幫客戶節省非常多的時間成本。客戶可以專心去開店，而我呢？我可以獲得非常大的成就感。從開始的美工、美編、到現在的設計師，我學會了一些技巧，溝通能力、業務能力之外，還有一點就是「應變能力」。因為你不可能滿足客戶所有的需求。而當時有一些印刷的失誤，因為不是自己造成的，就要跟客戶說明清楚讓對方買單。不然如果是 10,000 張 DM，就賠不完了。

那時候成長非常迅速的是什麼？就是應變能力，如何讓這個風險做轉嫁，如何不讓自己吃虧。當我了解這個能力時，我開始晉級了……我了解到接案不是在設計能力有多好、個人品牌魅力有多好，而是你的應變能力有多強。

第八年的時候，我成立了自己的個人工作室，我開始了解一件事情，原來老闆都是自己在找客戶。所以成立個人工作室，我是不是也要自己去找客戶？去哪裡找客戶？我工作室又沒有名字，又沒有名氣。這件事情令我煩惱許久。

後來我決定從「 公益社團」開始找。我去參加一些公益社團，然後開始練習海報設計，免費幫一些公益社團製作、設計海報、DM。在這個過程裡我得到的是掌聲、成就感、作品集，可以幫助我將來接案子的時候更加順利。

這就是八年來我從美編到設計師的過程，而且是可以成為一個獨立接案的設計師過程。在第八年我開始做工作室了，我開始接案，開始獲利……但說真的，其實收入都不多……。

可是我總覺得缺一個重要的東西，是什麼呢？那就是「logo」，工作室可能需要一個 logo，所以我翻遍了十幾本的草圖，從累積了十幾年的草圖裡面開始找。開始在做 logo 設計的時候，有哪些草圖是我非常喜歡，是我一直沒有能力去完成的 logo 原來在第二本、第三本，1998 年的 logo 草圖是我最有感覺的，而那個 logo 草圖，正式成為我工作室的 logo。開始使用那個 logo 去做設計，做品牌故事的解說，深入了解怎麼去獲利，怎麼用品牌設計接更多的案子。

第九年的時候，我的客戶裡面有：財經的、有外商的、有品酒師、有專門馬拉松教練、有專門在賣水果的果商、有專門在做旅行社的導遊、有公務人員的上班族。在這個裡面我學習到什麼？人際關係的建立技巧，以及如何在團隊裡面曝光自己，那就是用作品來曝光自己。所以如果你是設計師，在這裡要特別注意，設計師如果想曝光自己，最快的方式就是把一件作品做好，甚至別人覺得煩惱的事情，交到你手上，你可以用你的專業能力美化之後，整理訊息再傳達出去。

後來我在第九年才發現，原來我們做設計是在做什麼？原來我們是在做複雜訊息的整理事情，我們用設計專業來解決訊息傳遞的事情。更快傳遞給目標對象，這就是我們做設計應該要做的事情，就是解決傳遞訊息的問題。

當我了解之後，我開始去運作這些事情。我開始做個人工作室簡報，可是，只有簡報真是太可惜了，我可不可以把我一些作品放進去。我當時用 illustrator 去設計簡報內容，讓客戶在還沒有跟我碰面之前，就可以先了解我，先取得信任感，讓客戶在還沒有跟我碰面之前，就可以先看過我做過的作品。

我幫自己解決了什麼問題？就是「溝通」的問題。客戶也不用太擔心會遇到不好的設計師。這是我在第九年的時候，非常流行一件事情，那就是到客戶的公司做簡報，展現自己的能力，跟自己的專業魅力。

自己的專業展現完之後客戶都會問幾個簡單的問題：你曾經做過哪些成功的案例，記住！千萬不要亂回答。所謂的成功案例，並不是問你的設計做得多漂亮，真正的核心重點在於你做的 logo 設計為這家公司創造多少的營業額。這才是……你的成功案例。

所以在第九年的時候，我開始修改簡報的內容，甚至跟客戶做簡報時，不會超過 15 分鐘，因為客戶要的不是要了解你這個人，客戶想知道的是，你可以用設計能力幫他解決什麼棘手的問題。當你知道客戶的核心需求時，你就不會亂回答。你會了解客戶在意的是什麼？你個人的品牌魅力、你個人的表現能力。一群同職業的設計師當中，客戶只會看到你，因為你展現出個人魅力跟品牌價值。這個也是我常常強調的，個人品牌魅力跟個人品牌價值所產生出來的附加技能。

這九年我學了很多的事情，包含溝通能力、簡報能力、應變能力、印刷能力，甚至更新的是……網頁設計能力，為什麼要做網頁設計。原因很簡單，Google 在幾年前開始呼籲全球的企業——要是你們不想改網頁設計，我就讓你們搜尋排名往下。所以所有的企業開始對 RWD 響應式網頁設計有大量的需求。

跟著趨勢，我開始思考，如果我學會 RWD 網頁設計，用原本的平面設計概念套用在網頁上面，我只需要懂一件事情，那就是切圖，我會了切圖之後，我開始去摸索 RWD 網站的一些後台執行方式還有呈現的方式。我花三年的時間學網站設計，甚至後台伺服器，還有 SEO 優化的方法。這就是我在第十年所學到的東西。

當我發現網站設計會是一種流行趨勢，我開始深耕學習這方面的知識。我開始去說服那些找我設計 logo 客戶，我對他們說：「既然你 logo 設計都找我做了，為什麼網站設計不找我呢？」

客戶就說：「對耶！既然我 logo 設計都找你做了，平面設計也是找你。不如網站也順便交給你吧！」所以一個接著一個開始從平面設計轉到網站設計。但其實這過程非常辛苦，因為有時候我根本就不熟網站設計裡程式的東西，只能從做中學，邊做邊學習，當時的念頭就是努力做到最好。

而客戶看到的是什麼？不是網站做得多漂亮，而是看到一個非常努力的設計師。我那時候並沒有個人品牌的想法，我只知道滿足客戶的需求，所以在做網站設計的時候，追求更漂亮、更精緻的效果，讓自己更專注在設計上面而已。

三年過去，在做設計第十三年的時候，我的網站設計能力已經成形到一定氣候，客戶也清楚知道這件事情，甚至幫我轉介紹更多的客戶。網站設計再進化後，再也不需要那麼多的分頁，而是做一頁式的網站設計，大大節省消費者下單的時間。

這裡我們要了解一件事情，就是趨勢的「嗅覺能力」，嗅出五年後可能會發現的變化，所以那時候我又另外培養出「觀察的能力」，我開始閱讀大量雜誌、新聞，去思考我的設計可以套用在哪些層面上面。

果不其然，在第十三年的時候，Facebook 開始頻繁、大幅度更改版面，開始積極鼓勵企業成立粉絲團，開始需要做大量的 Banner 設計，搭上這個順風車，我也幫很多企業設計 Banner 及大頭貼，幫客戶做出更多的廣告頁設計。

所以客戶知道我還能做這個服務時，就積極幫我做轉介紹，第十三年的時候就有大量的 Banner 設計湧進來指名找我。

這就是我從美工成長到美編到設計師的過程，而這個過程也非常冗長，你會發現前前後後居然要花十年的時間去了解品牌設計這件事情，去了解個人品牌的重要性。又接續從第十三年到第十四年的時間開始去了解怎麼運作，怎麼開始。這整個過程，如今我自己再回想起來，都覺得不可思議。

獨立資深設計師具備的能力

資源分享

高解析度線上去背（可下載）
https://photoshop.adobe.com

按顏色搜索的頂尖網頁與應用設計網站
http://reeoo.com

設計師聽到的客戶心聲影片
https://lihi1.com/zVvz7

你為什麼要接案？就是要證明自己學得沒錯

當初我成立工作室的時候，就是要證明我在學校以及這十三年裡學的東西是驗證過有效的。所以我在學業務能力的時候，一直想要證明一件事情——我的設計作品是可以被接受的。同時，我還想證明另外一件事情，以我的設計能力是不需要被改稿的。

所以我開始積極接案子。我想要跟每一位客戶講，我的設計其實可以幫你帶來豐厚的利潤，而這個豐厚當初我也沒有辦法說得很清楚，我只知道我的設計一出去，客戶買單的機會就非常高。而且還有另外一件事情就是我想要證明「我說的話沒有錯」，客戶一定要接受我的想法。所以當這些證明一直強化我的心靈的時候，我就希望可以讓客戶快速買單，並且讓客戶不再改我的稿。

當客戶知道我這個想法的時候，紛紛質疑……難道你只是要賺我的錢嗎？其實不是！我只是想證明自己，我的做法沒有錯！好歹我也是用了十三年的時間去驗證這些設計作品跟設計能力能不能幫客戶帶來利潤。

因此當客戶問我的時候，我都會很自然地回答他：「沒有錯！其實，我的設計就是可以幫你帶來利潤。而同時，我想要證明，我自己的設計能力，你會不會買單！！如果你會買單，代表我做的事情並沒有錯。」如果客戶會滿意，代表我可以持續不斷地接更多案子。所以這就是為什麼我想要接更多案子的原因。

另外，我不僅僅要證明這些事情，我還要說一件事情，那就是不要小看設計師，設計師在國際的地位其實是非常崇高的，很多時候客戶是謙卑地拜託設計師幫他們做設計。所以在亞洲市場裡面，設計師的地位，相較來說可能會比較卑微一點。

那時候我在思考這件事情，而這件事情也深深烙印在我心裡。我告訴自己，這十幾年的設計功力絕對要讓客戶看得一清二楚！！我絕對要接很多很多的案子，並且是要做成功的案子，就是讓客人明白一件事情，這是我的做法，沒有錯！！

設計師最常犯的錯誤

但誰知道，到頭來我接了很多案子，可是利潤都不高，因為我給客戶的價碼，其實都是非常低的，何謂非常低，那就是在任何的設計裡面，我都會低於業界的報價。為什麼要這樣做呢？因為我想要快速累積我的作品，也因為這樣子，我在短短一年裡至少接到快五十到六十件的設計案。所以這些設計到頭來，全部都變成我很有力的作品集。我用低價的方式，快速累積設計作品，我用低價的方式，快速證明自己的能力。

這個方法其實沒有所謂的好不好，因為你可以快速去累積你的設計能力。同時，你也可以獲取一些可觀的利潤，但是卻不會給你帶來高額的利潤。

後來我開始思考，我除了要接案子證明自己之外，我還有什麼做法可以做得更好？我還有什麼方式可以讓自己在接案的同時，又可以感到無比快樂？還有什麼方式可以在接案的同時，不需要這麼累？這些都是我在做設計時要思考的問題。

設計思考的好處

設計思考這件事情相當重要，就是在於你接到案子的時候，看到文字、閱讀文字，就開始思考整理訊息內容，如何美化、編輯、設計，並把訊息設計之後，正確地傳遞出去。所以我接這麼多的案子，我同時也會去思考哪些案子，我是不是應該要放手？！因為它根本不會幫我帶來利潤，這是一個殘酷的事實，這也是我一直面臨的問題！！

我在客戶面前也許光鮮亮麗，可是私底下我很清楚一件事情，這些設計案其實根本就沒有利潤，而且這些設計真的只是被客戶拋來做好玩的。

當客戶知道你是一個很好說話的人，你的案子確實會接不完，工作確實會源源不絕，但事實是，沒有利潤！！如同是當初的我。我接非常非常多的案子，我只是想要證明自己沒有錯，但是利潤始終就是上不去。

即便我有業務能力，有溝通能力、應變能力、有運算能力，我還是做不起來，這讓我非常懊惱！我到底少了什麼東西？為什麼我還是做不起來？為什麼我接了這麼多案子？我證明自己沒有錯，但我還是賺不了大錢？！

中間的核心問題到底在哪裡？這是我在第十四年的時候所面臨到的問題。當我知道這個問題的時候，我就開始放下手邊所有的設計專案，花時間去思考這些事情。我慢慢整理我的思緒，去思考這個過程到底發生了什麼事情？如果我很清楚知道發生什麼事情，我就不會浪費這麼多時間去做這麼多的案子，同時我也可以空出很多時間來休息。

當我開始思考時，我便意識到，並不是我案子接得多，就覺得自己很厲害，最終的事實是根本就沒有利潤，我只是自我感覺良好罷了。

設計當然沒有錯，可是……有時候好像哪裡真的錯了！！錯在哪裡？錯在我少了「思考能力」，所以在做設計之前，是不是要好好認真思考一下：這個客戶能不能為我帶來利潤，還是只是拿來當練習。客戶也很清楚我的報價真的比一般業界還要低，因為我好說話，好商量。

當客戶知道我這個心態的時候，就會不斷幫我轉介紹，介紹那些沒什麼利潤的客戶給我。所以當時我發現這件事情時，我非常害怕！！因為我無法養活自己，這些案子雖然多，但是我卻無法養、活、自、己，而且我每天都被這些案子填得滿滿的，我工作停不下來，我無法好好認真思考我將來要做什麼事情！！

當時，案子真的接不完。可是……我卻沒有好好規劃時間讓自己好好休息。我一直在證明自己沒有錯。我一直在證明自己的設計能力沒有問題，可是我卻忽略最重要的一件事情——「生存」。當我發現這件事情的時候，我重重地被打醒！！

我被打醒後，開始推掉一些客戶，開始去整理一些客戶名單。客戶覺得很奇怪，當初你不是接著好好的，我們不是合作得很開心嗎？我心裡想，那些都是假象，根本就沒有利潤。所以當客戶發現我轉換心態時，就非常生氣！！便說：「以前的你什麼都可以做，而現在你……挑著做！！有名氣了？！出名了！？案子接不完了，所以你想要開始挑著做我們的案子嗎？」面對客戶的冷言冷語，我的態度更加堅決。

客戶不高興佔不到便宜，惱羞成怒。而這個只是一個過程，是必經的歷程，當你越過這個門檻，你會發現那些冷言冷語、沒有給你利潤的客戶會慢慢遠離。而那些真正想要給你高利潤的客戶一直在等你！！所以當你明白了這一點，你會放下手邊所有的工作，認真對待那些給你高利潤的客戶，甚至開始好好去經營那些利潤很高的客戶。

在前面我一直強調案子接不完，我只是要證明自己沒有錯、後來我案子接不完的時候，我並不是要證明自己沒有錯，而是認真地想要把客戶交辦給我的東西，做到最好！！所以雖然我的案子不多，在當時卻可以養活自己。因為，透過了設計思考，來幫助自己刪除一些沒有利潤的客戶，甚至幫助自己找到一個出口活路。

而後來，我不再證明自己能力，不再去做一些奇怪的想像，而是認認真真扎實地去幫助客戶做好每一張 DM 設計、做好每一件 logo。讓客戶清楚知道，我對待這件事情的認真程度絕對比他們自己的期望還高，他們可以放心地把案子交給我。

這個就是我後來對待客戶的態度，也因為這樣子我的客戶量減少，但利潤卻大大提升了！！因為這樣，客戶開始願意聽我在說些什麼，而不只是把案子丟給我去處理，我在每一個客戶身上學到的不僅僅是他們創業的知識、經商的知識，還有更重要的是人際關係的維持。客戶會教你怎麼做好人際關係和溝通，每個行業可以學習的地方太多太多。當你跟客戶打成一片，變成朋友的時候，那麼他給你的案子不僅僅是案子，他給你的就是一個機會！！

所以如果你案子接不完，早期一定是在證明自己沒有錯，而後期成長後，就是在幫客戶把關、做設計、做美化，甚至在幫客戶創造高價值的利潤設計。這就是我後來悟到的事情。於是，我不僅僅不再證明自己的對錯，我是在幫客戶跟未來的客戶打出一條渠道，讓未來客戶可以早點碰到我，讓未來的客戶可以早一點知道我的想法、讓未來的客戶可以早一點認識我，甚至讓我幫他們做設計專案。

接了那麼多案子，可以累積非常多經驗，知道很多業界眉角、知道客戶很多的事情，這些都是非常有價值的。所以當我知道這些事情時，我不僅僅是做設計，還有更多更多的是……讓客戶變成我一個很好的媒介，我可以從客戶身上學到的東西，回頭再回饋給客戶，幫助他整理好更多的思緒，這個就是設計思考！！設計思考不僅僅只是在於繪圖軟體上面的設計。

另外還有一個就是你腦袋裡面的東西，可不可以透過設計的系統整理好訊息再還給客戶，讓對方明白你懂他說的需求，這個非常重要。當你知道這一點的時候，你的設計費會不斷提升，當設計費提升時，你會發覺客戶再也不會小看你，客戶會非常尊重你，慢慢的，你會升級成一名設計顧問，你會變成高級設計師，你會變成一個讓別人也非常羨慕的設計師，你會有一個高度存在！！你不再只是案子接不完的設計師，你是會好好處理好每一個案子的設計師，這很不一樣。

蛻變之後，我們可以去篩選案子，過濾案子，而最重要的是，這些案子有沒有幫助到你成長！！當你很清楚知道每一個案子經過你的手都是一種成長的話，你會做得非常快樂、你會做得非常開心，而且沒有壓力，你會樂在其中，也會替自己找時間休息。

因為你很清楚知道下一個客戶在哪裡，也不用擔心收入的問題，更重要的是看到自己的未來、清楚知道未來會往哪裡走，知道你該做些什麼事情才不會傷害自己的腦袋跟設計思維。所以在弄清楚這些邏輯之後，你案子雖然接得少，但是收入卻都很高，這就是這個章節我要強調的重點：設計思維、設計思考，幫助客戶也幫助自己，這些都是我們應該要注意的。

樂在其中不是不眠不休，而是樂此不疲，不要一味地想要把手邊的案子在一天內趕完，這樣只會讓你越來越累。當初，我接到一個我夢寐以求的案子，我企圖想在一天內做完，可是後來我發現我錯了！！我錯在我沒有考慮到我的體力跟腦力，我一直在榨乾我的腦力跟體力。

我熬夜、加班，想要把握這個夢寐以求的案子，可是後來……我卻丟了這個案子，因為熬夜做出來的東西，根本就不理想，客戶再也沒有找我。

我建議正在看這本書的你，不要熬夜，照顧好自己身體，你想要接案子證明自己沒有錯的話，那就好好維持身體，有清楚的思緒、充沛的體力，才有辦法幫助你得到更多接不完的案子。

重質不重量的作法

資源分享

「如何找到預算高的客戶」課程影片
https://lihi1.com/sa1BQ

「做設計如何跟客戶有效溝通」課程影片
https://lihi1.com/lu2z7

設計的好壞跟客戶一點關係都沒有

當你很努力做好一件設計作品時，你對自己是非常滿意的。那麼考驗來了，當你在提案的時候，你可能會很怕客戶的拒絕！！

這個過程我也曾遇過，而且真正的設計沒有所謂的好與壞。也不是客戶接不接受的問題，而是你如何做價值的堆疊。

簡單舉個例子：

以前，我有一個生技公司的客戶，當時我設計了三個包裝設計提案。我很滿意，真心覺得很不錯、很棒。當我在解說的時候客戶卻沒有一個喜歡，甚至懷疑我的設計能力，沒有用心處理他們的案子。我當時心裡很氣！！這到底是客戶的問題？還是我的問題？

我深深思考，我認為好的，客戶不見得覺得好，我認為不好的，客戶覺得好，所以設計的好與壞，其實跟客戶一點關係都沒有。客戶真正在乎的是你能不能說服他接受你的提案。客戶在乎的是這件事情，因為客戶是生意人，生意人的腦袋就是講求「談判」。

當你了解這點後，一定要先了解客戶的個性、屬性，還有他真正內心的需求。你可以做一個八十分的設計案給他，他可能認為這是一百分，所以當你在做設計的時候，你要了解客戶在想些什麼。

而且當你越了解客戶時，你花的設計時間就會越少，你懂客戶想要什麼？你了解客戶想要什麼？而且當你覺得設計得「好」，客戶可能會覺得你設計得「不好」，可是當你自己覺得不好的時候，客戶可能又會覺得你做得還不錯。

另外，特別注意的是，客戶的需求一定要仔細分析。

我簡單舉個例子：曾經有個客戶這樣跟我說：「設計師你好，我本來是想要找另外一位設計師，可是因為你在溝通方面以及在陳述表達方面，遠遠大過於我想找那位設計師，那位設計師在平面設計方面是真的很不錯，我也覺得他水準比你高。相較於你，可能你的設計能力到達一定的水平，但是你知道你更勝於他的是什麼嗎？是溝通能力跟表達能力。你知道我要什麼，你知道我的需求在哪裡。可是對方的設計師就算再怎麼厲害，他都沒有達到我要的要求。」

所以到底設計的好與壞跟客戶有沒有關係，沒有關係。洞悉客戶的需求才是王道，設計沒有所謂的好與壞，設計這個東西本來就是很主觀。設計作品做好之後，正確、快速幫客戶用設計傳遞訊息，讓消費者買單，幫助客戶獲利，才是真正的「好」。

如果你有辦法了解客戶對於這個設計稿未來有多少的獲利

空間，你有辦法了解客戶真正的需求在哪裡，你也知道客戶真正想要對你說些什麼事情，甚至還沒向你開口，你就知道要幫他做什麼樣的設計，那麼這個設計就真正有價值，也就是真正的「好」。

這件事情明白之後，可以幫助你在做設計的時候快速進入客戶的核心問題，而且客戶為什麼每次都會想要找你做設計，因為你在不知不覺中也慢慢累積自己的個人品牌，讓客戶產生極大的信任感。

當你累積個人品牌魅力到達一定程度時，客戶在專案設計中是想要虛心跟你學習設計，而不是一直想要改稿。客戶態度變了！口氣變了！最重要的是：你的心態也變了！！

從原本的想要完成一件設計案，來到最後你是迫不及待的想要做好一件設計案。因為客戶對你肯定的價值，因為客戶對你的鼓勵，讓你知道自己做的任何事情，任何的設計案都非常有價值，所以這個價值放在你個人身上，就會累積出一種個人品牌價值！！

而品牌會隨著時間慢慢地堆積出更多的價值，甚至到最後，你只需要秀出自己的名字，客戶自然就會買單，這個就是到最後經營個人品牌所發展出來的高度定位。

除此之外，我們回歸到剛剛的話題，那就是設計的好與壞這件事情，是對於你自己本身的認定，你覺得這個設計作品好就是好，壞就是壞，不論是好與壞，時間一到，你就是要交出去。而這跟客戶一點關係都沒有，你很清楚知道這一點，也很清楚怎麼去運作，就不會一直糾結在設計的美感上。

到最後，你會好好的思考設計的功能，如何正確地傳遞訊息，如何正確地在這個畫面裡面傳遞正確的訊息給消費者，不但客戶買單，你自己買單，消費者也買單。這個才是真正在幫客戶解決問題，創造價值。

所以你的專業技能只是一個媒介跟工具，真正所有的價值都是累積在你這個人身上，個人品牌身上，即便你將來可能不做設計了，改做其他工作，客戶一樣會找你，因為你給他的感覺就是專業、顧問、知識貢獻者，甚至可能是一個問題解決者。

所以你做到這些事情的時候，客戶對你的角色定位會改觀，他對你的態度是打從心裡尊敬你。

曾經有個例子，我有一位總經理級的客戶，一開始接觸，他對我的感覺就是：你只是一個設計師，我就是要使喚你做我們公司的包裝設計，當我要求你修改的時候你不需要有任何意見，也不要有任何建議。當時我非常討厭這個總經理，與他接觸的過程中，我不斷地修正自己的態度，我甚至把自己的視野提高到與跟總經理一樣的高度，我開始談品牌經營面的東西，不談設計的東西，我想讓總經理知道，品牌價值不是你說的算，而是需要用我的專業知識「幫助」你了解整個企業品牌形象獲利的方式。如何用品牌價值跟品牌設計結合在一起，幫助公司增加員工向心力。這個才是我要幫助你的。

所以身為一個經營者，他當然想讓公司獲利，那位總經理聽明白，就不再把我定位成一位設計師，而是一個能跟他平起平坐的「品牌」設計師，甚至可以幫助他一起朝向同一個目標繼續往前走的設計師。讓客戶真正體會到，設計師也可以切換到不同角色。而我有機會能學習到這方面的知識跟技能，是因為在過去十幾年經驗裡面，我持續接觸到不少這類型的客戶，包括：總經理、總裁、企業負責人，他們教會我如何提高視野、提高高度、站在經營者的視角看整個品牌的全貌。

我在每一個客戶身上，學的就是在經營企業，管理企業，所以我反向思考，我開始管理我自己，我管理我自己的設計、思維、工作效能。我管理我自己如何讓客戶買單之外，還幫他創造價值，甚至幫自己建立個人品牌魅力。這就是我在幫自己做設計的時候所計畫的事情。

在經營工作室那一個階段，我成立了自己的粉絲團，我甚至每一次都會以第三者的角度來看粉絲團，我可不可以收集一些對於設計師有幫助的資訊，對客戶有幫助的內容，我會放在我的粉絲團裡面。當然，我剛剛有提到的，設計真的沒有所謂的好與壞。這跟客戶一點關係都沒有。你的設計你自己喜歡就是喜歡，不喜歡就不喜歡，只要你懂得運用設計思維跟經營個人品牌，你的客戶一樣會買單。

請記住，我為什麼一再強調這件事，就是希望你可以深刻思考這件事情，個人品牌魅力、個人品牌經營，以及設計思維的運作與整合是可以幫助你在未來少走冤枉路。甚至你現在就可以開始做簡單的練習，跟我一樣在做設計之前，把一些重點寫下來，寫下來之後反覆思考，甚至反覆修正裡面的內容。修正後再開始畫一些設計草圖，畫好草圖之後，其實你的工作已經完成了八成，這個設計圖雖然還沒有完全好，但是你可以判定它的好與壞來決定要不要上機作業。然而這個過程是跟客戶完全沒有關係的，只是你習慣性的工作型態與行為，當然你也可以把工作過程分享給你的客戶，讓他知道你為他做了多少前置作業，這是可以大大提升你的個人品牌價值與魅力。

你很清楚知道你在做什麼事情，你也很清楚知道短時間內，這些行為不會讓你獲利，但是你知道未來這些事情，可以幫助你減少非常多的時間成本，這個就是這個章節另外一個很大的重點——時間成本。

當你學會怎麼大大節省你的時間成本後，會攸關於你設計作品的品質與質感。你很清楚知道我們做設計有時候就是喜歡做自己愛做的事情，喜歡呈現自己喜歡的風格。所以當你掌握設計思維、時間管理，你就不會亂做設計，而是謹慎的、小心的執行設計，甚至寫下扣人心懸的設計故事。也許，我們每次都會試圖去挑戰客戶是否喜歡我們的設計，這樣的模式不斷反覆，很可能會造成兩敗俱傷，耗損了客戶與自己的時間成本。

懂得時間管理與控管時間成本後，那其他時間的運用就是用來不斷進修，不斷地滿足自己真正想做的事情，到最後你會越來越有價值，你再也不會去在乎你的設計作品好與壞，你只會關注一件事情，那就是要讓你的設計稿一出去就成交。因為你做對了幾件事情，第一：深度跟客戶溝通，第二：找到客戶真正需求。第三：跟客戶一樣是以經營者的角度在看事情。

當你找到這三個重點的時候，你被改稿的機會就會下降許多。那麼到最後設計的好與壞其實就沒有那麼重要了。

成交客戶的四個關鍵

設計上的自我認知

資源分享

「溝通與來回修改的煩惱怎麼做？」課程影片
https://lihi1.com/utV2n

04 獲利的秘密在於價值的溝通

很多設計師以為，我們在學校學的專業技能跟專業知識，就能自己開山闢土，獨佔天下。在這裡，我想告訴你一個事實，當你出社會之後，不斷碰壁之後，才會慢慢找出個人的價值。

所有你可能發生的挫折事件，所有你可能面臨的壓力問題，都只會在社會上學習到，學校所能給你的只是一個開始，讓你燃起對設計的憧憬……然而，當你踏入社會之後，你就會發現，很多時候我們都是「做」中「學」，很多時候，我們的努力過程並不被看好，因為沒有人在乎你曾經做過什麼，也不會有人在乎你生活的點點滴滴，除非你生活裡面有最親近的人、有要好的朋友、偶爾才會關心你一下，其他時間裡面，你會因為磨練技能，長時間孤獨。

每一個人都一樣，每一個人都只會在乎自己，每個人在乎自己，是因為他愛自己，不是因為他的自私，所以當你願意愛自己的時候，你才有能力去愛別人，這個就是提升價值的一個方法。

而另外，你的專業技能，可能會隨著工作不斷在進步，讓老闆看見，讓你身邊的朋友認定，這是你慢慢累積出來的成就感、自尊心，同時也是別人對你成績的肯定。

當你發現這件事情的時候，客戶也會發現這件事情，因為你做事情不一樣了，因為你做事態度也不一樣了，你慢慢會發展出自己個人的獨立風格、做事的方法。

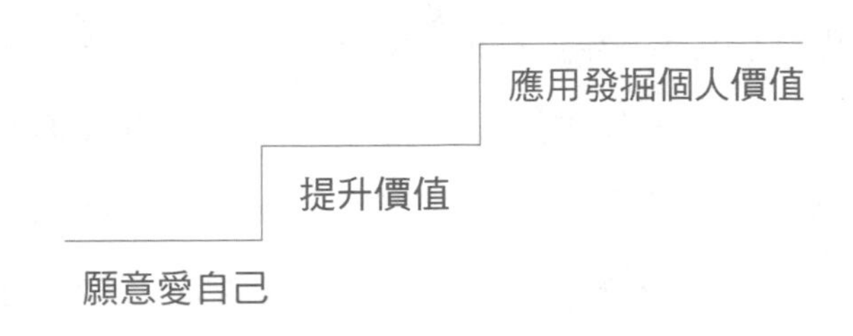

每一個人都會繪圖軟體，為什麼別人就要找你做設計？

每一個人都會溝通跟表達，為什麼客戶要找你做設計？

因為你的個人品牌魅力。所以是個人品牌魅力加上你的技術、溝通能力，加上長年累積出來的文化、人格特質在幫助你獲利。

而獲利的「秘密」就在於「價值溝通」。當你累積了這麼多經歷的時候，你有沒有把它濃縮起來，花一點時間跟客戶說明，花一點時間跟你身邊的朋友說明，即便只是短短的五分鐘，如果你願意講，他們一定會好好思考，原來我的朋友已經到達這樣的水平。那我應該用不同的角度與態度去對待他，我應該用不同的觀點去幫助他。

在這裡提到了幫助，不再只是身邊的朋友跟客戶給你案子。在這裡，所謂提到的幫助在於他願意去提供你未來獲利的方法、獲利的知識，以及獲利的任何可能性。

具體來講，就是他可能會不斷地轉介紹客戶給你認識，因為他看到你努力的過程，因為他會發現你真正幫他做好設計之外，也認認真真的去對待他的事業。

這是我一個親身經歷，因大學學弟的介紹，我認識一名命理師客戶。剛開始，我防備心非常重，而且其實我很怕命理師客戶，因為他會在還沒有接觸你之前，就先洞悉你的一些先天的個性和個人的人格特質，但我發現這位命理客戶，並沒有這麼做，他會放下心防跟我好好聊天。

因為這樣子我開始對這個客戶如同朋友一般，從開始的 logo 設計，我教他怎麼用 logo 賺錢，怎麼運用在各種周邊商品上面，讓他可以在他的客戶裡面，慢慢創造出企業的價值，而我個人就創造出我個人品牌的價值，並不斷幫助自己獲利。

而這中間我做了什麼？我用我的專業技能加上我的個人特質跟客戶溝通。我在溝通一種價值：我的專業技能幫助你跟消費者溝通，而我所做的 logo 設計就是你們的媒介。以這樣的方式在做溝通，以這樣的方式在進行，客戶當然越來越多。

有一次，客戶的客戶從機場出來，提袋上面 logo 就是我設計的。他看到之後非常的興奮！！跟我說，你為我們設計的

logo 在機場出現了，我們的企業品牌在機場出現了！！

這就是為什麼我在跟客戶講的時候，我希望品牌可以「有效」的跟客戶做溝通，甚至你的 logo 設計作品可以被放到國際市場裡面。而我也教客戶怎麼使用 logo 去跟他的消費者、他的客戶做溝通。而後，我開始從事「品牌教育」這方面的業務，所以從原本的設計師開始晉升為設計顧問。我的專業技能還是在我的專業能力，沒有變，變的是更深入了解設計的本質。變的是，怎麼開始去教客戶，怎麼表達自己企業的品牌形象跟故事，所以客戶認定我，就是所謂的專業顧問。

專業的設計顧問不但是要會教、會做，也要會去表達，因為你的設計需要你的嘴巴把它陳述出來，不僅僅只是用嘴巴去陳述。還要正確表達出來，讓客戶明白。

設計顧問的特質

我們設計師常常會犯一種毛病，那就是無法說白話文。認定那是客戶的問題，可是並不是這樣子的。我們花了幾年的時間，在大學學到的所有專業術語，可是客戶並沒有花這麼多時間去了解這些事情，去學這些事情。我們不可以怪客戶聽不懂。我們在進入社會大學的時候，我們要去適應社會的語言，我們要去適應社會的變化。當你適應完之後，你會發現。學校給你的是一群相同的人放在一起學習，而社會不是，社會是不同的人在和你做接觸。你必須要了解那些不同的人的性格，進而去給予價值，教育他們。

這個部分你了解之後，就很重要了，為什麼？因為你了解，就會開始想要去表達，同時正在建立自己個人品牌的價值。當你在建立個人品牌價值的時候，客戶就會更加印象深刻。所以獲利的真正的秘密在於「價值的溝通」。因為你懂得如何去溝通，你每一次溝通就是在累積自己的價值，你每一次的溝通就是在深入自己的價值，你每一次的溝通就是在幫助客戶節省他跟客戶溝通的時間。

如果你發現了這個秘密，那恭喜你！！你的價值溝通開始起飛，你讓客戶知道你為他做了什麼，讓客戶清清楚楚明白，在未來的事業裡面有你的存在是可以放心的！！

這就是為什麼客戶會持續找我做設計的原因，因為他知道我的設計，會讓消費者買單，我的設計消費者會喜歡，而且他也知道我會教他怎麼去陳述他的品牌故事，我把我的價值跟客戶溝通後，我的獲利就會不斷攀升。客戶明白了這一點，客戶知道我的重要性，他就不會輕易換設計師、也不會輕易說一些不重視你的話。

客戶體會到你的價值後，覺得這種成長型的設計師是非常難得可見，而好好珍惜你的存在。而且客戶會認為，我們要好好給予他不錯的學習環境，這個就是社會大學教我們的，如何用「價值溝通」來換取自己的獲利，如何用「價值溝通」來幫助自己增加成長的空間。

所以當你很清楚這點的時候，你的個人品牌魅力跟個人品牌價值就出來了！甚至到最後，當你在不斷陳述自己設計理念，不斷幫助客戶思考，不斷幫客戶想一些創意時，你會發現，客戶會視你為兄弟或是姊妹的感覺。因為他們覺得與你相處好像就像跟家人相處一樣，覺得和你很親近，也許他的家人跟他碰面的時間，還比跟你碰面的時間少。

所以每一次的碰面，就是建立一次信任感。同時，你的價值會不斷提升，你的個人魅力也會提升。每週的碰面，你都給客戶建立一次信賴感。而這樣的信賴感慢慢在客戶的心裡面堆積出來後，你的地位就屹立不搖了。

你的獲利會隨即不斷水漲船高，你的價值也會不斷提升。把你的想法有效地放到客戶的腦袋裡面，而且幫助他獲利，這個就是價值的溝通。當客戶認同你的存在，當客戶了解你的存在，知道你的重要性時，他就希望可以永遠擁有你，幫助自己解決一些設計的問題。

而且你也拿著客戶給你的報酬，不斷地去進修與學習，所以客戶很清楚知道他給你的酬勞，你並不會亂花，而是正確、有效地使用在對的地方。幫助自己，幫助客戶做好價值的溝通。

你會發現將來的路會很不一樣。

個人品牌價值的建立

「無理取鬧的業主讓人心累怎麼辦」影片
https://lihi1.com/U6YB8

免費可商用高質感圖庫網
https://mixkit.co

日本超級質感網站設計精選
http://4db.cc

05 每個人都應該要有個人品牌，為什麼？

在我從事設計這條路的時候，我就在思考一件事情，這麼多的設計師裡面，我要如何脫穎而出？每個人都會繪圖軟體，每個人都會 Illustrator、Photoshop，每一位設計師都會做 logo 設計，我要如何在這裡面勝出？

在進入社會工作的時候，我常常被這個問題困擾著，我也常常被這個問題搞到失眠。同樣的問題一直圍繞在我腦海裡，為什麼每一位設計師在做設計的時候都會強調，自己曾經做過什麼？做過哪些成功案例？那時候我就覺得說我應該跟風一下，我應該要跟別人一樣，把自己最好的一面拿出來，給客戶看，所以我也照做了。

而後來我發現，當我跟別人一樣的時候，我還是無法突出，我還是無法做出自己的風格，所以我開始去篩選，我想做的事情。比方說，在平面設計裡面，有很多的地方是我不擅長的，或是我不喜歡做的，像是名片設計、像是 DM 設計、像是海報設計，我以前非常喜歡做這件事情，可是十年之後，客戶再要求我這些事情的時候，我會覺得說，這些事情應該給一些剛出社會的設計師練習會更理想一點，因為他們需要經驗，需要履歷。

而我現在要專注就是 logo 設計，因為我發現 logo 設計的潛力大於其他的平面設計，為什麼？因為 logo 設計好比一個企業的心臟，動起來，全身都會一起運作。

心臟在跳、企業會動。我以這樣的方式在跟客戶做溝通。我專注在 logo 設計，我專注在打造品牌價值。我專注在教客戶怎麼去把 logo 運用得淋漓盡致，甚至可以短時間內讓更多的消費者發現這件事。

漸漸地我就放棄了其他的平面設計項目，專注在 logo 設計，也做出了獨特性！當我做出獨特性的時候，客戶覺得我不一樣，因為他們再也不會因為 DM 設計來找我，也不會因為海報設計來找我，也不會因為包裝設計來找我，而是會因為 logo 設計來找我，這就是我覺得最重要的一點！！

當我在跟客戶做價值溝通時，我會慢慢跟他們說，以前的我或許會做一些 DM 設計、海報設計、包裝設計。而現在我想要更專注在 logo 設計。因為它所擁有的品牌價值高於其他的平面設計。

客戶聽懂了，慢慢接受我的提案跟想法，我經營出自己個人魅力、特色。我讓客戶清楚知道，我再也不是做所有平面設計的設計師，我做的是品牌設計、品牌規劃、品牌教育訓練跟品牌診斷定位。

而品牌的中心，就是 logo 設計再做出延伸。

logo 的重要性

我要做的就是……我讓客戶清清楚楚知道，我幫你設計 logo 的時候，我會幫你做品牌診斷跟定位，找出客戶的故事、找出創辦人的故事、找出企業的故事、找出企業的文化，找出他的服務項目，找出來之後，當下幫他解決問題，當下給予建議，當下給予一些方法，回頭再去做品牌診斷書出來給客戶，讓客戶清楚明白，我幫助他整理好想法，整理出關鍵銷售文案。他可以把這份報告書拿給行銷公司，拿給設計師，讓他們去設計 logo 的延伸產品。所以這份診斷書，相對就非常重要。

也因為這樣子，客戶對我的觀點完全改變了。我把我自己的服務項目全部整理好、系統化，我把自己個人品牌的魅力做出來，我把自己個人品牌價值做出來。

我跟一般的設計師不一樣，差別在於我不是只在做平面設計，我是在規劃一個品牌，我是在設計一個品牌。所以客戶才會指名找我，客戶才會想要介紹更多客戶給我。

個人品牌價值塑造出來之後，相對的你就會更加謹慎做事。而且你就會有任務感，當你有任務感時，你就希望幫客戶做到最好，你會給自己一個目標，努力去完成。而且更多人會想要認識你，因為你擁有自己的個人品牌 logo，你的識別度就會大增，影響力也會大增。

當你識別度大增的時候，我們要做的一件事情，就是認真去磨練自己的個人品牌，讓它成長擴大，讓它更有價值。

品牌診斷書的特性

那為什麼我們要經營個人品牌？為什麼要創建個人品牌？因為將來這個個人品牌可以幫你帶入的生意會非常非常多，獲利也會很可觀。

剛開始的時候，我都是在幫客戶設計 logo，直到第十四年的時候，我才發現，我應該要有自己的個人品牌 logo，我應該要經營個人品牌、我應該要讓別人看見我、我應該要好好為自己做品牌規劃……，於是我很認真地開始規劃自己的個人品牌。

讓客戶知道我開始執行這個項目。我是認真的，不是開玩笑的。所以當客戶知道這件事情的時候，他也認同我在做個人品牌，幫助我思考如何去打造個人品牌，還幫我推廣我的個人品牌。

越來越多的客戶，了解個人品牌的重要性。所以當他們的企業品牌建構好之後，他們也開始打算去做一個個人品牌，因為他知道企業的壽命是有限的，而個人品牌的壽命可以長達至少五十年。所以當你把個人品牌做出來的時候，你還可以跟別人一起合作，如果對方有自己的識別 logo，你也有自己的識別 logo，那麼個人品牌的擴散速度就會加倍。

所以個人品牌時代來臨之後，很多人開始找我做個人品牌化的 logo 設計，因為他們明白個人品牌的影響力會大於企業品牌，而他們也清楚知道，個人品牌的壽命遠遠超過企業的品牌。

當你擁有個人品牌 logo 的時候，你跟別人合作的機會就會擴大許多，跟別人合作的方式也會完全不同，因為大家找得到你，大家願意相信你。當大家看到這個 logo 就會想到你。大家認識你的速度就會變快，喜歡你的速度也會變快！

所以當你意識到了這件事情的重要性時，是不是應該要趕快去打造個人品牌，盡早規劃這件事情，讓更多人知道你已經開始在規劃個人品牌，並且準備對世界發聲。因為……你知道這個時代就是「個人品牌化的時代」！！

傳播速度
變快

知名度
大增

個人品牌的價值

資源分享

品牌診斷調查表下載
https://lihi1.com/ZV9if

高質感國際品牌網站
https://abduzeedo.com

實用配色國際網站
https://coolors.co

英文草寫簽名生成器
https://lihi1.com/CpTHS

向量圖片顏色分類 PNG 下載
https://www.manypixels.co/gallery

讓技能帶入系統
才會賺錢

PERSONAL BRAND
MAKES MONEY FORMULA

06 個人品牌如何打造獲利系統

在上一個章節有提到，業務能力、設計能力、印刷能力，這些都可以幫助你獲利。在過去的十幾年經驗裡面，我運用這些能力確實增加不少獲利。

然而隨著時代不斷演進，這些能力並沒有一直為我帶來獲利。因為我忽略了一件事情，就是我並沒有將過去的那些的設計專案確確實實地記錄下來，因為這樣的懶惰與疏忽，導致我接案的機會越來越少。

為什麼要特別提到這件事情，因為我們在做生意的時候，有時候都是一個單接著一個單做，並沒有把它記錄下來，也懶得去記錄，原因不外乎就是我很忙、我沒有空、客戶急著要……等等千百種理由（反正我就是不記錄就對了），後來發現很多成功的企業家，他們會成功的原因，多半都是他們有紀錄自己奮鬥的過程，不斷檢討錯誤與修正，讓自己的企業發展得越來越好，個人品牌知名度越來越高。

反觀我們自己，我們並沒有確實記錄我們每一次成功的製作過程，而這些過程都是拿到獲利之後，轉身就忘了。我們只是把最後的印刷輸出檔存起來而已，並沒有把當初一些原始檔、或是當初客戶給的一些文章全部存下來，並一一整理好，讓自己反覆檢討、觀看，並且找出優點用在下一次設計專案上面。

有鑑於此，在這裡我想要提到一個能力，那就是……「整理的能力」。當設計師有八年經驗的時候，你的案子已經會多到做不完。因為你已經很穩定，而你為了要做案子，你並沒有花時間去整理你的案子，你只是一個案子接著一個案子不斷繼續做下去，導致要整理的案子越來越多，越覺得煩，而我也是這樣走過來的。

這樣過來的方式沒有不好，因為這樣過來的方式確實可以幫助你賺到很多很多錢，相對你也忙得很開心。可是你越不去整理這些資訊、越沒有時間去整理這些資訊，你就越覺得煩，好像哪裡不對勁，當時我也不知道為什麼。我只知道我手邊有非常多的工作要做，我有做不完的工作要消化，我想要……急著把這些設計專案全部請款到手。

相信你也跟我一樣，曾經有過這樣的心情。工作做不完，等我工作做完再說。那時候我就是這樣的心態，這樣開心地執行著。可是我的工作一個接著一個來，沒有停下來的一天，我沒有把「整理」這件事情放在心上。而後來，我忘了這件事情，覺得好像少了什麼？我確實工作做不完，賺錢賺不完。但是我總覺得心裡很難受，那難受的感覺……是慢慢累積出來的難受。

我發現每次完成一個案子就有一種失落感，而這樣的失落不是客戶給的，是我自己發現的，於是我開始調整我的心態，我想說跟客戶身上學到一些東西，我可以進修一些東西、也可以學習一些的經商技巧。

可是我總覺得哪裡不對勁，總覺得……我好像一直在反覆做自己最擅長的事情，我沒有在進步，我沒有在成長。我只是不斷地把自己逼到一個境界，把自己逼到一個極致，讓自己可以快速完稿做設計，而後呢？那就是客戶非常滿意，我自己也可能非常滿意，但是我就是覺得有點失落。

整理的重要性

當我發現這件事情的時候，我沒辦法一時之間調整好，我也沒有辦法好好地跟自己對話，因為沒有人跟我講這件事情，也沒有人教我該怎麼做。我必須要自己去發現……「打造系統」這件事情。

何謂打造系統？打造系統就是你把做過的所有案子，所有的業務、開發步驟，全部清清楚楚地寫下來，做成一套流程。

為了確定我的發現是正確的，我還看了一些國外設計書籍，他們跟我一樣也是設計師，而他們不同獨特之處在哪裡？他們會在每個案子裡面反覆檢討做記錄，如何在下一次案子裡面，接到更高金額的設計費，以及如何快速結案，並把這個方法寫下來。

也就是說他們在每次接案子的時候，同時間也檢討了這個案子的利弊。當他們了解這個案子優點時，他們就把這個方法寫下來，用這個好方法去接觸下一個案子。我知道了之後，我也模仿去做，我把一些好的案子、成功的範例、方法全部寫下來，文字檔化，備份雲端。

這樣的做法效果出奇的好！因為我可以分享給別人，我可以告訴別人，其實你這樣做比較快，因為我曾經這樣做過，你也可以這樣試試看，方法不完全對，但是你可以試試看。當你這樣試過後覺得有效果，那表示非常好，代表我有真正幫助到你。（透過分享，我也可以知道如何更加優化流程）

打造業務能力系統

「打造業務能力系統」，就是這樣子一個接著一個案子把它整理出來的，甚至把它打成文章，未來可以分享給更多設計師知道。所以到最後，我把這些跟客戶會議的故事全部寫成了一百多篇文章，在這一百多篇文章裡面，我完整陳述怎麼接案子，我發生了什麼事情，我做了哪些事情，詳實記錄。

甚至我幫客戶做「品牌診斷跟定位」，我也把品牌診斷書整理好並文字化，給後來的新銳設計師，可以完完全全幫助他們看懂，原來客戶需要什麼東西。

這就是我在接觸客戶的業務能力，我把它系統化、文字化，整理下來。當我整理下來之後，我放心了。因為我會反覆去看我的內容，我會知道原來當初是用這樣的方式在接案子，我如何可以更好？我如何可以做得更漂亮，我可以在整個業務的過程裡面講哪些話？我在這一百多篇文章裡面都有提到，並反覆思考，這就是我的系統整理過程，讓一般人也能快速吸收跟看懂文章裡面的內容。

而關於「設計能力系統」，我平時都會收集國外設計作品，目前已達數萬多件，這個動機就是當我們在做設計的時候，我們常常都會有個盲點，我們認為拿到檔案、拿到客戶的文字、圖片，就可以快速產出設計稿。但我發現，國外設計師並不是這麼做，國外設計師一定先做市場調查，一定先了解客戶在想些什麼？所以在設計的過程裡面，充分拿到客戶的一些需求跟調查過的文化背景資料，才開始找一些參考的設計作品做參考，參考完之後，才會開始去畫草圖，畫完草圖，才開始去上機去製作設計稿。

所以整個過程我把它全部文字化整理下來，系統化，從客戶需求，品牌診斷，一直到收集國外設計作品的習慣，把國外設計作品整理好之後分類成 12 個資料夾（每個資料夾 100 件作品），讓這 12 個資料夾可以支援我未來每個案子的設計。在我每一次做設計的時候，我就開始去分類客戶的產業，開始去了解，客戶屬於哪個屬性，我就看哪個資料夾。我看完資料夾，有靈感的時候就會先把草圖畫出來，如此我就可以有更效率地去執行我的設計專案。

因為這樣的方式，我執行設計的時候相當快，我在設計能力的環節做系統化整理，每一個步驟都是有節奏性的，每個步驟都是我反覆驗證過的。當我反覆驗證過之後，我發現執行設計的速度也隨之提升。

別人會以為我在操作電腦繪圖速度很快，其實，是我用了設計系統在運作，系統化做設計的時候，可以幫我跑出很快的設計思維。這樣的運作方式已經好幾年，而且我也覺得這樣的運作方式非常有效率，不需要大量去做一些設計稿，只需要針對客戶的需求去做設計稿就好了。

打造技能能力系統

專案設計流程（綜合篇）下載
https://lihi1.com/DPWlV

專案設計流程（業務篇）下載
https://lihi1.com/BXGah

專案設計流程（設計師篇）下載
https://lihi1.com/iLXWX

CIS（企業識別系統）裡面的 VI 分類

我們做設計的時候，常常會盲目接受客戶給我們的平面設計項目，這是個非常可惜的事情，因為我們並沒有教育客戶好好執行我們給他們的設計建議。簡單說就是我們要執行 CIS 裡面的企業識別系統—— VI 視覺識別的項目。

為什麼要特別提到這個「視覺識別」，因為今天客戶給我們的名片設計、海報設計、給我們 DM 設計，全部所有你能想到的視覺設計，都是在 VI 視覺識別的分類裡面。

所以在這個章節，我希望可以幫助你的，就是如何去快速分類 VI 視覺識別的分類。

VI 視覺識別，其實分成四大類，第一類：基本系統類，包含了 logo 設計，基本的製圖，基本的企業色、放大跟縮小的比例，以及 logo 的黑稿、白稿。還有 logo 的企業色、漸層的效果、%值、特別色以及它的組合方式加起來大概是 25 個項目。

而這樣的分類，你必須要非常清楚，每一個類別都有它的運用方法跟用途。比方說，黑稿跟白稿的部分，它就是要用在印刷的部分。

當我們幫客戶設計好 logo 後，我們必須要把這個基本系統一併交給他，25 個項目裡面，黑稿跟白稿就是可以拿來燙金或者燙銀所使用的設計稿，你不需要再重新幫他設計，而是在客戶與你接洽的時候，你已經幫他設想到這件事情。

所以基本系統裡面的 25 個項目，除了用在印刷上面，還有用在網站設計上面，網站設計的部分就是放大跟縮小的比例的 logo，所以有各式尺寸從 10%、20%、30%、甚至到 200% 的放大。就是要幫助你看見整個架構的時候可以把 logo 放進去，有些是平台的 logo，有一些是必須要放在手機裡的 APP logo，這些尺寸和項目，通通都在基本系統裡面。

這 25 個項目你必須很仔細地把它做好，有時候你還要做到字型的設計。把字型也放在這個基本系統裡，來幫助客戶快速完成他的招牌設計，甚至他後續印刷的東西。

基本系統類非常的重要，這可以幫助你跟客戶之間達成一定的信任感，好好幫客戶做分類。並且每個項目解說這個基本的項目跟用途，有助於客戶快速對你產生信任感。

而第二類是什麼？第二類就是事務用品類。事務用品裡面也包含 25 個項目。25 個項目包含了什麼？名片、信封、信紙、公文袋、pin 章、識別證、桌牌、標誌、員工制服、鉛筆、擦布、資料夾、L 型資料夾、還有就是紙杯、帽子……等。這些都屬於事務用品類。辦公室裡面的分類都是屬於事務用品類。包含你知道的……可能還有訂書機、公文夾，或許還有公告欄上面的一些紙張的邊框設計等等，這些都屬於事務用品類。

這些分類一定要有，因為大公司非常需要這些分類，是具有讓員工產生向心力及歸屬感的效果。所以當你知道事務用品類裡面的 25 個項目會用在大企業裡面的時候，你就會更加小心謹慎告知客戶，並且教育客戶好好使用這些項目。

從基本系統類延伸到事務用品類，就要把基本系統類裡面的組合方式用在事務用品類裡面。事務用品類公文袋上面，就是你做的基本系統類裡面的組合方式。當然你也可以自己去分類所有的事務用品類裡的所有項目，我剛剛所提到的是我常常在使用的一些項目，用此分類，讓自己更清楚搜尋使用。

第三種，網路 / 媒體類，在這裡不包含網站設計，而是用基本系統裡面的排列方式在做延伸，有一些網路媒體，比方說 Facebook 大頭貼跟 Banner 設計，你必須要設計 Banner 跟大頭貼，來幫助企業做好他的視覺識別，讓消費者快速認識這間企業。所以剛開始跟客戶碰面的時候，你就必須跟客戶討論到這一塊，並且跟他具體說明未來會使用到的各種可能。

接著，你必須問問客戶：「你是否需要這個分類，我們把這些分類給你參考，請將你需要的打勾。」而這些分類需要做的時候，你的報價自然就會高。因為你是有系統地在幫客戶做分類，你知道哪個細節、哪個項目需要用到這些圖，用到這些設計稿，所以你分類好了，客戶滿意，你也滿意。

使用網路媒體類，包含廣告圖、po 文圖、Banner 圖、Icon 圖、連結圖，以及 Facebook 投放廣告的廣告圖設計，這些東西都屬於網路 / 媒體類裡面的分類。

當你做好這樣的分類時，找檔案就會非常快速且方便。這些類別千萬不能忽略，而且非常重要。如果你做好這些分類，能幫助自己節省大量的時間成本跟作業的時間，當你做好的時候，你很快就可以找到客戶的需求。

你就不需要一直問客戶你需要什麼東西，我們有什麼東西？我們提供什麼樣的服務？這些都不用，因為你做好了系統、做好了分類，甚至你不需要再自己慢慢去摸索、尋找客戶的需求，因為你已經做好系統分類。

第四類：活動文宣在裡面包含大型廣告、背景、海報背景的背板、大型的背板、關東旗、立牌還有 DM、型錄、識別證以及麥克風架上面的一個印刷面，還有物流車、公務車、起重機、紙箱、紙箱上面的貼紙、以及你看到的一些活動式的廣告，這些都屬於活動文宣類。活動文宣內一樣會有 25 個項目。

這幾個項目裡面活動文宣類會因使用的內容可大可小，可以分一些不同的材質使用，包含布類、大圖輸出、一些特殊的玻璃、壓克力、塑膠等等，都全部在活動文宣裡面去執行。你可以思考一下所謂的活動文宣，或許是一些展場記者會、新品發表會所要用到的背景、海報，或是一些貼紙，都屬於這個類別。

當你很清楚知道活動文宣類需要這些東西的時候，客戶就會忍不住想和你合作，因為你幫他做好分類，他不需要再花心思跟他們的行銷人員討論，我下一個活動需要哪些東西，他們內部設計師就直接馬上用這個檔案下去執行，馬上就可以快速套用到其他的活動文宣裡面，你的分類幫他大大節省溝通的時間成本。

VI視覺識別分類

四大類別裡面至少都有 25 個項目，所以全部四大類加起來至少 100 項目。100 個項目裡面，客戶不見得每一個類別都會使用，但至少你已經幫他規劃好，分類好。所以整個系統跑下來之後，客戶一定會選擇四大類其中幾個項目找你設計，讓你在進行報價的時候，方便許多。

這樣的過程，就是我過去十幾年經歷的過程，我自己慢慢摸索出來的分類方式與系統。而這四大類裡面就直接涵蓋在 VI 視覺系統裡——視覺識別。這樣的分類可以幫助你快速成交、幫助你快速收款、有益於你取得客戶信任感。

分類的好處

我一直以來都是這樣做的，讓客戶知道原來我可以做這麼多的事情，讓客戶知道，原來我們做設計是非常謹慎的，客戶也清楚知道你是有系統地在做分類，這些細心的分類，客戶也都用得上。

而且所有的設計不會脫離這四大類。比方說你的 icon 設計，就是在網路媒體類。比方說，你的名片設計，就是事務用品類。比方說，你要辦個小活動就在活動文宣類，因此你可以設定四個資料夾，這四個資料夾裡面有不同的類別，剛剛有提到的基本系統類，用在 logo。第二個，事務用品類，用在辦公室。第三個網路媒體，用在網站設計或是粉絲團。第四個活動文宣類，用在記者發表會、新品發布會以及展覽。而這些東西可以幫助你快速取得客戶的信任感，甚至提高你的設計費。除了幫助你獲利之外，還能幫助你接到更多的生意，接觸到更多意想不到的資源。

透過這樣的整合方式，你可以快速累積你自己的作品集，而且快速分類你的作品集。也不再盲目地去做平面設計，而是有系統地去做平面設計。這樣的分類方式，可以幫助你越做越輕鬆、越做越開心，越做越有價值，你的價值不斷在提升，你的個人魅力也不斷在提升，個人能力也會不斷提升。

因為到最後，你不僅僅是一個進修型的設計師、也是成長型的設計師，你還是一個有系統化的設計師，能幫助客戶做好分類的設計師，這樣的設計師是非常難能可貴的。

你也可以把這樣的系統交給別人或是幫助別人，來讓更多人獲利，讓更多人成長。你有責任感的時候，你就知道應該如何再繼續打造下一個系統，也會思考，如何幫客戶節省時間，提高獲利，幫自己賺更多的錢。

商標基本系統 x25 個項目下載
https://lihi1.com/deMka

事務用品類 x25 個項目下載
https://lihi1.com/iiZsK

活動文宣類 x25 項目下載
https://lihi1.com/nvXyJ

網路媒體類 x25 項目下載
https://lihi1.com/hhkdd

08 教育客戶這套系統的使用方式

在上一個章節，我有提到 VI 視覺識別分成了四大類，而這四大類你已經有一點概念之後，我們要如何讓客戶了解這四個概念裡面的一些要素和項目，所以在這個章節裡面，我們有責任去教育客戶，讓他了解這四大類裡面該如何去運用，幫助他的企業賺錢。

簡單來說，就是我們每一次跟客戶接觸時，必須要把基本系統這件事情好好向客戶做解說，甚至我們要讓客戶清楚知道，原來我們可以用這套基本系統幫助他的企業獲利。

當你打造好一個基本系統，你就可以幫客戶清清楚楚抓出脈絡，就是把 logo 運用的範圍全部擴大，而不僅僅只有名片、信封、信紙、DM、海報，這些零散的項目。

從這四大類裡面的每一類別裡面再做細分，再細分的同時，客戶會藉由一件一件的項目去了解每一件的使用方式，進而一步一步信任你。也因為這樣子，到最後很多客戶會買單，因為你幫客戶節省了大量的時間成本，也讓他不用一直煩惱怎麼去設計跟整理這些項目，你還教育他，怎麼用這些設計項目去獲利的方法。

在我過去接觸客戶的時候，以前的方式是客戶要設計logo，我就幫他設計 logo，客戶要設計名片，我就幫他設計名片，完全沒有系統化的方式在幫客戶做設計，所以當客戶要求我做那個，我就做那個，要求我做這個，我就做這個。

而後來，我終於發現了一件事情，客戶對我們的要求其實是因為他也不知道怎麼去運用這些系統來幫助自己賺錢，所以只能做一步算一步，走一步算一步。

甚至剛開始創業的客戶最危險，因為他打從心裡，就沒有時間去了解設計這件事情，他所有的精神都花在店租、水、電費、以及人事成本上面。

所以客戶在委託設計專案的時候，他完全沒有想到，原來設計需要做分類、原來設計需要去建立信任感，原來設計需要相信設計師這些事情。因為他覺得反正我只要把我的項目列好之後，全部交給設計師，設計師就可以幫我做出來我想要的設計。根本就沒有想過，原來設計還需要做分類，還需要系統化，所以在這塊，我們一定要好好教育客戶。當客戶明白這點之後，那麼對你的信任感就會加強，對你的瞭解就會更深，客戶對你的個人品牌以及個人的價值就會再次提升。

因此當客戶知道這件事情的時候，我們就要進一步再教育他事務用品類。為什麼要教育他事務用品類？如果是大企業的話，名片非常重要，而名片就是從基本系統裡面的組合方式拿出來再設計，而名片還有分直式跟橫式的排列方式，此外名片的印刷材質也有非常多種組合方式。

而事務用品類，第一步就是要先設計好的名片，因為這就是公司的縮影。一張名片遞出去，不是只有對方看到，是對方的同事跟對方的老闆都會看到，對方的經理也會看到，對方的合作廠商也會看到，所以你幫客戶設計好一張名片的同時，等同於他後面 100 個人脈圈裡面的人，都有可能看到你設計的名片。

在這個事務用品類裡面，好好運用分類，當名片設計好之後，我們就要設計信封，因為客戶常常會寄發票給他的客戶，用的就是信封，所以信封是很多的客戶都會看見的一個媒介跟廣告工具。

當你很清楚知道信封的重要性之後，你就不會亂設計，而且你必須要拿事務用品類裡面的 25 個分類裡面的信封項目，認認真真地做好設計。

另外，我們還要教育客戶什麼？那就是每一個設計項目都有不同的製作時間點，我們要教育客戶，每一個時間點都是非常珍貴的，因為不單單只是在設計，還有思考的時間點運用，當我們知道使用的時間點後，就必須要好好去告訴客戶這件事情。因為客戶並不知道，原來你設計信封需要花這麼多時間，原來你設計信封需要先上網找資料，需要先看材質，需要先看一些組合方式，需要看一些基本的公司文化資料，看完之後才開始設計。

你開始思考如何把一些基本系統裡面的組合方式，套用在信封上面，套用完之後，也許是底紋浮水印，也許是 logo 横式排列，也許是直式的排列方式。不管是什麼排列方式，都必須讓客戶清楚知道並教育他，信封就是一個廣告的媒介，你的客戶會看見，你的客戶會對你的企業產生一個既定形象，未來也會影響他決定要不要繼續跟你做生意。

所以當我們知道這件事情的時候，我們要教育客戶，讓他知道重要性。除此之外，還要讓客戶反饋給我們，不斷地問客戶說：你是否清楚明白我在跟你說的用意跟用法，如果你清楚知道的話，那麼這個信封設計才有意義。

接著就是所謂的公文袋設計，客戶的重要文件都會放在公文袋裡面，給一些重要人士看，給一些重要的經理看，給一些重要的員工看，而這些公文袋不是只有被這些人看過一遍，是看過好幾遍，一遍又一遍的看過，表示你的設計能力一遍又一遍地一再被驗證。

你的設計可能會給一千個人，甚至一萬個人看過，所以在教育客戶的同時，你要讓他知道這件事情，你幫他設計的公文袋，也許會有 1000～10,000 人看過，如果一千到一萬人看過的話，你的設計訊息是不是要非常清楚，而且簡單易懂，這樣傳遞的速度才會快。

教育客戶這件事情，難道一定要說這麼多的話嗎？難道我們一定要去做這些事情？沒有錯！！當我們做好這些事情，才能幫助我們節省大量的時間成本，所以說教育客戶明白這些事情，就不會亂改設計稿，因為你每一個設計都是有其故事，每一個設計都是有特別用意存在。

做好教育客戶的時候，我們還要做另外一件事情，那就是讓客戶公司裡的員工也認同你的設計。一次我幫生技公司設計logo後，緊接著設計信封，橫式信封我採用浮水印壓底紋，以及大量留白的設計，讓整個信封跟企業形象大大提升，當信封印製好時，他們內部員工都非常喜歡，甚至願意拿回家收藏。

如果員工沒辦法認同新的形象設計，是很有可能影響到員工在公司裡面的奉獻程度。教育客戶不僅僅只是我們在做設計的工作層面上，還要有企業管理的知識跟企業管理的能力，以及企業管理的遊戲規則。

所以當我們教育客戶了解這個流程的時候，除此之外，還要讓客戶做一件事情，那就是好好使用這套系統去教別人。因為我們瞭解這四大類，我們知道怎麼去運用這四大類。

這四大類裡面每一類裡面至少有25個項目，25個項目裡面，每一個項目的使用方法都不一樣，而每一個項目的使用方法，其廣告效益又不一樣。這個一定要讓客戶清楚明白，如果客戶並不曉得這件事情的話，那他一定會亂改稿，而且一定會一直要求你重做，因為你並沒有做好系統化，沒有做好教育客戶這件事情。讓他有機會去改稿，而讓他有機會覺得這個設計並沒有任何價值。

所以我們必須要教育客戶，這四大類的使用方式跟他的獲利方式，以及讓他接受這個系統，讓他可以完完全全運用這套系統去賺錢與獲利，雖然整個過程是非常繁複的，但結果卻是甜美的。

當你真正整理好這套系統的時候，往後的案件就會做得非常輕鬆，因為你每一次接到的案子，就可以放在這四大類裡面的其中一類，你不需要再花更多的時間去找你的檔案。你也不需要再花更多時間去解釋，去告知客戶應該怎麼做？為什麼要聽我的話？為什麼你要這麼做？等等這類的問題。

你只需要教育好一次客戶，客戶懂了，怎麼用這套系統，他自然而然會去教育他其他的客戶，他自然而然會明白這件事情對他的重要性，而他就會好好對待你的設計。傳遞你的設計以及增加你的設計價值，幫你轉介紹客戶。因為你很用心的把這套系統教會給他，你很用心的用這套系統幫助他獲利。

雖然你之前花了很多的時間在做整理，但是客戶其實都很清楚，你是為了他做了這件事情，你是為了客戶，花了自己另外的時間在做這件事情。客戶知道後很感動，而且會清楚了解你在做的事情，其實對他的公司也是非常有幫助的。

所以這套系統，客戶願意教給他的經理、員工，讓他清楚知道這件事情你做的並沒有白費。

我們教育客戶的同時其實也在教育自己。因為我們讓自己越來越好，系統做出來之後，才有辦法去影響客戶，所以我們要以身作則，自己先開始行動，客戶才會跟著我們一起跑。

如果我們今天一味地接受客戶給我們的設計項目，那麼我們並沒有好好地對待自己，我們也沒有對自己負責。所以今天，你有辦法了解運用這套系統的話，那麼將來你可以做的案子就會越來越大，越來越好，越來越仔細，而且越來越輕鬆。

這就是為什麼要教育客戶使用這套系統的重要性以及使用這套系統的絕對性，當你瞭解這套系統怎麼使用的時候，就不用擔心未來的設計應該怎麼做，你就可以開開心心地去執行你真正想要做的專案設計。

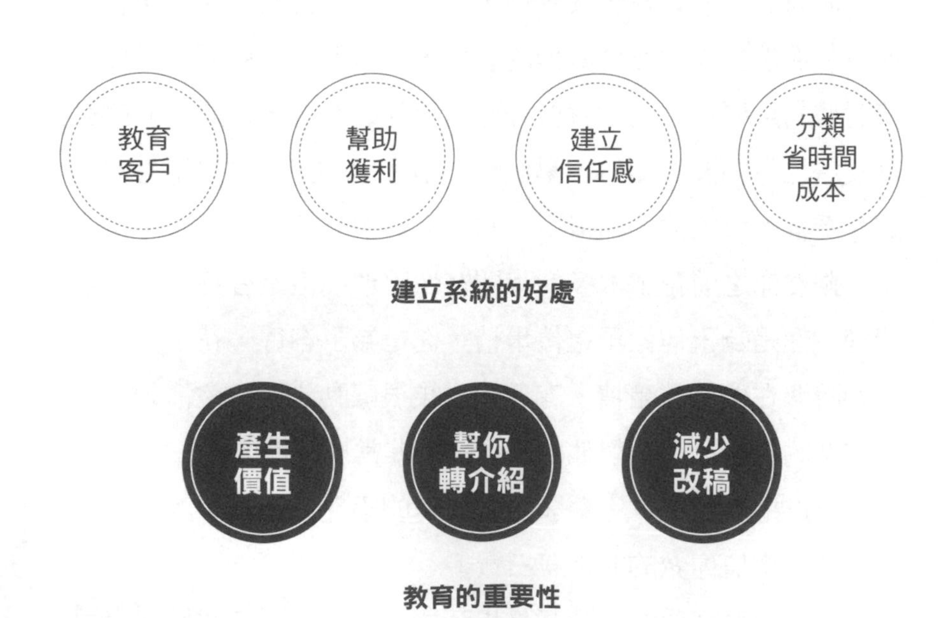

資源分享

超溫柔手作日本包裝設計網站
kawacolle.jp

頂級充沛 UI 資源網站
collectui.com

歐美最受歡迎的綜合型設計網站
www.fastcompany.com/co-design

每日更新五則國際設計文章
https://sidebar.io

國際極致創意設計
https://thecoolhunter.net/category/design/

從教育客戶中提升自己的價值高度

在我們創建系統接著去教育客戶的同時，我們還要做另外一件事情，要學習怎麼去表達自己的想法。

在這個時候，客戶已經開始了解這套系統的運作方式，而你也很清楚怎麼去幫助客戶使用這套系統，所以我們要做的另一件事情就是，學習怎麼去表達自己的想法以及自己的感受。

設計師會有情感、有想法、有感受，同時也必須要讓客戶知道我們的想法是什麼？我們的感受是什麼？因為品牌就是在訴求情感面以及故事面，而這些訴求必須要面對消費者，所以在面對客戶的時候，我們就必須讓客戶知道我們設計師的感受跟心情。

而藉此，我們可以馬上向客戶表達我們現在的心情是什麼，你可以這樣說：我現在很開心地在做你的專案設計，我現在很用心在做你的專案設計。讓客戶知道，我是很欣然接受你給我的任務、給我的專案，以及給我的一些價值。

客戶周旋在這麼多設計師裡面，是因為信任你才願意找你，所以在信任你的同時，你就有責任把你東西做到最好、最完整。所以我們現在做的事情，就是要認真地表達自己內心的感受，讓客戶知道這個作品裡面是充滿了濃密情感以及有價值的東西在裡面。

客戶清楚知道這件作品有濃度在、有情感在、有很高的能量在的時候，他也一樣，同時可以分享給他的消費者知道，而藉此，我們就可以間接提高自己的價值，讓自己的品牌知名度漸漸打開。

所以表達的重要性是我們不態忽略的，常常我們做設計的時候，會自己窩在一個空間裡面，不懂得怎麼去表達自己的作品，不懂得怎麼去陳述設計理念。

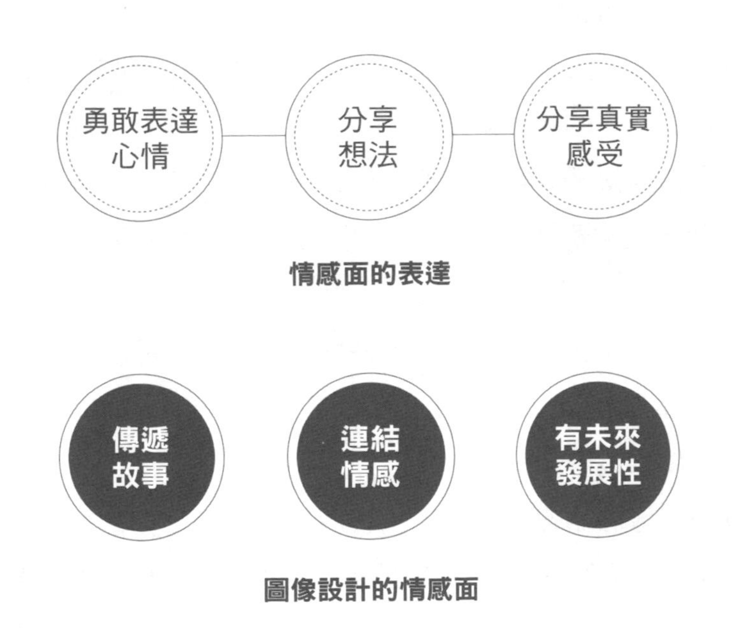

情感面的表達

圖像設計的情感面

以前我做設計專案的時候，我不懂得怎麼表達自己的設計理念，老闆給我什麼，我就做什麼，我也不會在每一個設計作品上面附上一些故事。老闆還會對我說：「我今天要你改什麼，你就給我什麼。我當然知道你可能有一些新的想法，但其實這些並不重要，因為客戶不想聽，客戶也不需要知道這些事情。」

後來我才發現客戶並不是不想聽，也不是客戶不想知道，而是老闆並沒有好好去教育客戶「設計的價值」。十年過去，我慢慢才發現，原來每一件作品都有它的情緒，每一件作品都有它的情感在，因為品牌就是一種情感傳遞，透過圖像設計傳遞有價值的情感。

所以當你去做一些個人品牌或一些專案設計時，我會建議你把自己個人的品牌溫度以及你的專案設計結合，再一起教育客戶，甚至傳遞給客戶，讓客戶知道，在我賦予這個專案設計的同時，我也賦予它價值，我也賦予它溫度，還賦予它未來性。

好好地表達自己的情感，好好表達自己的品牌，好好表達自己的喜怒哀樂。因為每一件作品就像是你的新生兒一樣，就像是你的孩子一樣，你設計好，把他交到客戶手上，客戶就有責任把這個品牌養育成人，客戶知道之後，他會很興奮地對你說：這個品牌我養大了！！這個品牌幫我獲利了！！消費者可以接受這個品牌，消費者是喜歡的，他有溫度、還有情感，還有喜怒哀樂，這些都是你給我的。謝謝你當初幫我設計這個

logo，感謝你當初幫我設定這個品牌，謝謝你當初教會我這套系統。

培育品牌的價值

客戶明白後很欣然接受，因為他可以正確地使用這套系統，來幫助自己獲利。這套系統裡的每個細節，讓這個品牌不斷地去成長，讓這個品牌有它自己個性存在，讓消費者可以快速連結。這個就是身為設計師，必須要知道的「表達」重要性。表達好自己的設計，表達好自己的想法跟情感。表達好設計作品裡面的一些溫度、表達好裡面的一些未來性、可看性、跟可塑性。

所以當你可以預知到這樣的好結果發生時，你就必須好好學習怎麼去「表達」，好好學習怎麼去遣詞用字，好好學習客戶用白話文的方式讓客戶明白你想說什麼。

快速、簡單、易懂，不再用一些專業術語去表現自己的專業，客戶沒有這麼多的時間去了解設計在做些什麼，因為他只想知道一件事情，那就是我要怎麼靠這個品牌去獲利？如果你教會我系統了，那麼你是不是要讓這個品牌賦予它的溫度連結消費者，對我的企業服務或產品買單。

所以客戶會反覆問你，請你告訴我這個品牌有什麼溫度？請你告訴我如何用這個品牌賺錢？客戶這樣問就是給你機會去「表達」。所以當你有機會去做表達的時候，千萬不要放棄這個好機會！！

好好說，好好表達，好好把設計的過程中所有的喜怒哀樂全部表現出來，讓客戶知道你是一個情感豐富的人，你是一個對作品充滿溫度的人，你是一個充滿溫度的設計師。

當客戶感受到你這樣的溫度跟力道的時候，他也會非常喜歡你，甚至產生共鳴。因為你充分地賦與這個作品溫度，充分賦與它價值。你也清清楚楚表達出這個作品的價值到底在哪裡！

我有一個客戶，請我做包裝設計，他是做醫美級面膜的，當初我在幫他做一些資料調查時，透過詢問客戶了解到，原來他的包裝設計是透過一些基因變異的元素萃取出來的成分，這些基因變異的元素的故事讓我有被感動到。

而且我深深地被這樣的基因變異的元素所著迷，於是開始著手做包裝設計以及草圖的繪製，我先去感受一下如果我在基因變異裡面時，我會有什麼樣的感覺？如果我在基因變異的環境裡，我會有什麼樣的想像力跟空間，以及看到什麼樣的東西？

我試著去想像在基因變異裡的時候，我發現是非常漂亮的，基因變異的環境有千奇百怪的細胞，很多不同的細胞跟顏色。而這些不同顏色、不同細胞對我來說都是一種靈感的觸發。我想像自己在基因變異裡，我想像自己開始變成基因變異的其中一個細胞，於是我的靈感就一一浮出來了！！我的想法就上來了！！我設計的動能跟動力就上來了！！

也是因為這樣子，我把整個過程全部告訴客戶，他非常感動，因為他不知道原來有一個設計師在幫他設計的時候，會這麼用心去感受他的一些包裝設計的成份、元素以及包裝的文化與由來。

客戶知道這件事情的時候，他便開始幫我做轉介紹，因為他知道這個設計師懂得如何表達自己的一些設計作品情感，懂得如何用系統來幫助他賺錢，懂得如何在短時間內節省他的時間成本，快速獲利，懂得如何去做分類跟快速建構一套有效的系統。

而這個設計師不斷地在成長、進步，他覺得自己獲益良多，如果你也可以跟我一樣，願意去做一下這樣的練習，真的可以幫助你快速獲得情感跟快速獲得靈感，因為當這個練習久了，你就會發現，每一件作品都會是你最棒的「寶貝」。

每一件設計專案都是你最好的練習機會，每一個設計作品你都不能放棄，每一個設計作品，你都必須要好好用心醞釀他、培育他、把他生出來，這個就是你最大的責任。

當你學會怎麼表達情感，當你學會怎麼去控制作品的情感流露時，那麼你就會更上一層樓，因為你已經賦予作品生命力。而這樣的生命力可以傳遞給下一個人，這樣的生命力也會傳遞到客戶的手上，你可以幫助更多人，也能溫暖更多更多的人。

曾經，我設計過一張海報，它是一張公益海報，而這樣的公益海報，主要是希望人們可以重視公益這件事情。所以我用心去調查一些資料，我甚至希望大家看到這張海報就會產生共鳴，所以反覆修正後，經過無數次的調整，終於成功！！

因為這個海報確實在第一眼就能讓人產生共鳴，看第一眼就會想到某一些文化的性質，就會聯想到一些發生的事情。我成功地表達這個海報的設計故事跟情感，讓客戶明白這個海報是有溫度的，消費者也感受到我在做海報的用心。

消費者發現，原來這個設計的背後有著濃濃的溫度存在，真正感受到海報所要表達的訊息！！雖然只是一張小小的海報，卻可以在消費者心中佔有一席之地。

當設計作品的你學會了表達之後，你的作品深度就會不一樣，你看見的視野就會不一樣，你造就出來的設計作品，生命力就會更加持久耐用。

設計作品投入情感的變化

資源分享

國際英文字型下載
https://lihi1.com/gCSCx

各式各樣免費 icon 下載
https://iconmonstr.com

全球明星線上課程
www.masterclass.com

日本 CIS 設計師——藤田雅臣
https://tegusu.com

10 客戶懂你才會找你做生意（價值溝通）

建立系統以及和客戶溝通，還有如何表達設計作品情感，這些事情都是為了讓設計師可以在客戶面前取得最佳信任感。如果我們每一次都是接收客戶要求設計的項目，而沒有一次好好、認真去教育客戶的話，那麼客戶只會一味地丟一些很奇怪的設計案給你。比方說，他可能有一陣子給你設計 DM，有一陣子給你設計海報，客戶只要一想到什麼，就丟一兩個設計給你試試。可是客戶不懂你，客戶只是覺得你是個設計師，你應該幫我設計，而且他還會認為：因為我一直找你做設計，給你錢賺，所以你應該要順便降價給我。

所以當客戶有這樣的想法時，就非常危險，因為是你「慣」出來的。也因為我們在之前，沒有教育客戶，沒有建立系統，沒有注入自己個人品牌魅力跟品牌價值，才會導致客戶依自己認為的需要，一直找你做沒有系統的設計。

所以如果客戶不懂你的話，不要埋怨他，因為你沒跟他說，你最厲害的設計在哪些範圍，你只是一味地等待客戶給你案子，其他的時間裡面，你也沒有花時間跟客戶做價值溝通。

我舉個最簡單的例子，我比較擅長 logo 設計，我就會不斷跟客戶提起這件事情。因為我認為 logo 設計使用壽命最長，logo 所具備的價值與延展性、彈性是非常非常大的，且獲利程度是無法想像的，更是無法被計算出來的。

當客戶想要找我設計 logo 時，我都會先給他做品牌教育訓練，來幫助客戶怎麼去了解自己的企業品牌，來幫助客戶怎麼去了解自己的一些企業文化跟品牌故事，還有創辦人的文化和故事。

在這個過程裡，我會用間接的方式教育客戶，跟客戶溝通，讓客戶明白，品牌到底是怎麼一回事，讓客戶明白，原來我在設計 logo 的時候，其實是跟品牌息息相關的，其實是和品牌有非常重要的連結。

還要讓客戶知道一件事情，就是不能隨便亂設計 logo，必須要做好「品牌診斷跟定位」，才能開始設計。讓客戶知道原來在設計 logo 的同時，也在創建品牌，而且必須要把公司文化、公司的故事，公司的服務項目、個人文化，個人的服務項目，全部融合在這個 logo 裡面。

這就是我在教育客戶，告訴他如何用品牌賺錢，因為品牌會二十四小時幫客戶賺錢，而不是一個人在為企業奔波。所以當你了解這件事情的時候，你就必須跟客戶說，甚至教育客戶讓他知道你是可以做這些事情。

如果你知道怎麼去教育客戶的話，那恭喜你，你的設計費就有機會提高，你的價位就會提高，因為客戶聽懂你想說什麼，客戶懂你擅長什麼。

所以，每次做好品牌診斷跟定位的時候，客戶已經對我有另外見解跟觀感，因為客戶會覺得說這位設計師不僅僅只是在幫他設計 logo，還幫我規劃了未來可能賺錢的途徑，未來可能會延伸出的商品，全部都在這 100 項目裡面，也就是所謂的 VI 視覺識別裡面的四大類裡面。

當客戶很清楚知道接下來應該怎麼做？要做哪些事情？他都可以在這個設計師身上都能找到答案。

當然，不要讓客戶覺得是負擔，一定要讓客戶覺得簡單。客戶覺得簡單的時候，他就會繼續找你做設計。而且他會開始以尊重的口吻說：設計師，請問我們下一步應該怎麼走，應該先設計什麼項目？（此時主控權已經回到你手上）而不是客戶想到什麼就做什麼，這個就是最大的差別！！

讓客戶聽懂你在說什麼，他才會繼續找你做生意。你不再需要花更多時間跟他溝通。你只需要執行系統裡面的四大類……執行完之後，你的錢也拿到了，客戶也開心了，雙方都互利。

這個就是為什麼我一再強調要建立系統，建立系統等同於會讓你的獲利不斷提升、建立系統等同於讓你整個個人品牌、個人價值不斷地提升。

所以當我們第一次接到設計案的時候，就要清楚明白要先教育客戶，讓他們明白什麼叫做品牌，什麼叫做平面設計，用白話的方式跟客戶做「分享」。

我們自己很清楚知道這是在教育客戶，但在口頭上我們要說，我們在分享我們的設計。我們在告知客戶如何用我們的平面設計來幫助你獲利。客戶聽了開心，會更願意花時間坐下來好好聽你講解。因為他知道如果他錯過這寶貴的專業分享的話，那麼在未來經營品牌時會很辛苦。

在他了解之後，就不會再輕易換掉設計師，也不會輕易地去相信其他設計師，因為在其他設計師身上找不到你的個人價值，這個就是你個人品牌的魅力，和個人品牌的價值。

只有你有，別人沒有，只有你會，別人不會。教育客戶就是這麼簡單，用「分享」的方式在做教育。讓客人清楚知道你在說些什麼，讓客戶清楚知道你想要幫助他什麼，而不是只想賺他的錢。客戶知道之後，不但會很珍惜你的存在，還會不斷幫你介紹更多跟他一樣的客戶。

用分享方式教育客戶

當然，也有一些客戶剛開始會比較強勢，這是正常的，因為他覺得自己在業界已經非常熟了，資歷很深。他會覺得：你只需要聽我的話，照我的話做，其他的事情，你不需要管，因為這是我的公司，這是我的企業。你只是……我花錢請來的設計師，其他的，不需要設計師去干涉。

這樣強勢的客戶，你只需要做一件事情，那就是跟他分析利害關係，今天公司如果在設計 logo 上面隨隨便便的話，代表你對於這個品牌並沒有非常重視。代表你對這間公司的門面沒有非常重視，當然客戶可能會反駁說產品很強、技術很強，所有東西都很強之類的話來讓你覺得弱勢，這些都是客戶會酸設計師的話。

反之，如果你拿到機會，客戶讓你有機會說明，你應該這樣說：「如果有機會讓這個 logo 幫你二十四小時工作的話，你願不願意多花一點錢來設計 logo，如果有機會讓這個 logo 幫你帶入更多的客戶，你願不願意聽聽看。」客戶通常會樂見其成地說：「好像不錯，我願意花一點錢來投資設計 logo，來幫助我企業 24 小時工作。」

第一印象做好了，之後就很好合作。

當這個 logo 設計完之後，客戶會開始檢視你，你這個人所設計出來的 logo、你的工作態度、你的做事習慣，來決定要不要繼續找你做設計。所以個人品牌、價值跟個人品牌魅力是相對重要，而且每一次跟客戶接觸時，你一定要弄清楚客戶要的是什麼，你要讓客戶清楚明白，你很謹慎地在聆聽他的需求。在短短的一個小時、兩個小時會議裡面，讓客戶覺得有收穫而不只是閒聊會議。

對你而言，每一次的問話都是在蒐集資訊，每一次的問話都是在幫助客戶瞭解你這個人到底是誰？你可以做到什麼程度？客戶也清楚知道每一位設計師的屬性不相同，所以當客戶跟你聊項目時，會發現你會的東西很多，他就不需要再花其他的錢去找別的設計師，因為他認為找你就對了，找你可以幫他解決很多困擾的問題，你可以幫他解決企業經營的問題、解決品牌規劃的問題、解決平面設計的問題、解決 logo 專利申請的問題。

全方位設計規劃

既然這麼多問題都能在你身上找到答案，那麼客戶自然就會很信任你。而且客戶不但會很喜歡你，還會持續地幫助你，提高你的個人品牌價值。因為他會跟身邊的朋友說：「我跟你說，我認識一個設計師，他很厲害！！他會幫我做品牌診斷跟定位，他也幫我做品牌設計，他還幫我做了品牌國際專利申請，不但如此，他還教我一些品牌行銷的概念跟想法，幫助我賺錢。而這個設計師真的很不一樣，我從沒遇到這樣的設計師。」這就造就了客戶對你的價值觀。因為你願意在初期就教育他，因為你說了他聽得懂的話，因為你讓他明白系統的重要性，因為你讓他明白這四大類裡面，隨時隨地都可以拿幾個項目來做設計，甚至可以拿這幾個項目來賺錢。

因為你之前的努力，之前做好的系統，之前做好的分類，做好的品牌診斷跟定位，所以客戶可以很放心地把新的設計案交給你，交給你之後他可以安心地去做其他想做的事情，他不用煩惱還需要做什麼設計項目，因為你都幫他想好了。

這就是為什麼我們要創建系統，為什麼我們要把分類做好，因為把這些東西加起來，就是你個人品牌魅力與個人技能。所以用技能帶入收入，用技能帶入系統，用技能創建收入，就可以把技能變成一套獲利系統。

我們一直提到的一件老生常談的事，就是創系統、跑流程、教育客戶，讓客戶清楚明白怎麼使用這套系統融入企業，讓你更輕鬆、更快獲利，把技能帶入系統就能幫助客戶獲利，幫助自己獲利。

未來，你不但做得輕鬆，你還能有更多時間去進修自己，因為空出了很多時間，可以開始去做你自己想做的事情。運動、看書、游泳，這個可能都是你未來想做的事情。

可是當你還沒有創建這個系統的時候，你會覺得很慌，為什麼？因為客戶要求你做設計的時候，你沒有頭緒，也不知道如何分類，你什麼都不曉得的情況下，你就會對未知的未來產生恐懼。

逆向思考，反之，當你做好這四大類裡面的 **100 個項目**，每類都是客戶勾選想做的，你只需要在每一個階段做好每一個設計，你就不會對**未來產生恐懼**，而是對未來**產生極大的信心**，因為你知道自己的時間會花在哪裡，你知道自己的時間可以運用在哪裡，所以你有信心去做其他的技能進修。而且你更有信心的去做運動，因為你有信心，客戶未來會有 100 個項目裡面，至少有 30 到 50 個項目是找你做設計。教育客戶你在做的事情，以及讓客戶使用這套系統，當他使用完之後，他會非常感謝你，所以他們的生意變好了、利潤增多了，因為你幫他們節省了很多時間成本，也因為你，讓他們員工更有向心力。

因為這樣的方式，他們會很感謝你，會幫你介紹更多的生意，所以在這個章節裡面，我希望你可以馬上開始去做自己的獲利系統，把你的技能帶入獲利系統，把你的技能分類，不論是我上一個章節所提到的業務能力、設計能力、應變能力還有印刷能力等等都好。請你將它文字化、把它做成系統，整個流程系統跑一次看看，規劃出你覺得最適當的設計流程，規劃出你覺得最輕鬆的設計流程。

讓你可以輕輕鬆鬆跑這個系統的同時，又可以教別人怎麼跑這套系統，這個才是你最重要的事。當然做設計一定會很累，但是如果你可以邊做設計、邊創系統，我相信在未來，你會越做越輕鬆，而且越做越有信心，讓你在這條設計路上可以幫助更多的人。

用無形資產打造有形資產

PERSONAL BRAND
MAKES MONEY FORMULA

設計成功的案例如何整理獲利

在前文幾個章節裡面，我有提到設計思維、設計系統、應變能力，還有一些業務能力以及整理資訊的能力，而這些能力是不是可以幫助你教育客戶，讓客戶成功獲利，在這個章節裡面，我會逐一做說明。

首先，我們要逐一把這些成功案例整理起來，就算設計專案已經多到堆積如山，你還是要花時間做整理。標上日期，從什麼時候開始，從哪個月份開始，從哪個年份開始。我在十幾年前就養成了這樣一個習慣，每一個設計專案裡面，我都會註明數量、日期、設計費。因為我希望我能清楚知道我到底做了多少個案子，從剛開始的個位數到數十個，一直到二十幾個、三十幾個，甚至四十幾個到幾百個。

十年過後，我的設計專案已經超過了五百多，都是我點點滴滴成長的過程。其中當然也少不了一些失敗的，那也是一種過程。而這些設計成功案例，可以佐證我成為成功的範例，也是我自信的來源。

為什麼這麼做，因為客戶就是想看這個，第一次碰面的客戶，因為他不了解你，只能從作品間接認識你，當你做過一個兩個成功案例，客戶並不覺得稀罕，你累積有十個成功案例，那也不足為奇。但是當客戶看到你的成功案例超過 100 個、200 個，甚至你可能像我一樣超過 500 個，那時候客戶說話的口氣會從輕蔑的口吻，慢慢轉變為尊敬，因為他知道，如果拒絕這位設計師，要找到旗鼓相當的，勢必要再花一段時間。

因為這樣子的展示，會讓客戶無從質疑你，還可能會馬上與你簽約、找你做設計，因為你為他展示了一些非常好的成功範例，曾經你為客戶做的，你給客戶一個非常好的產品，你給客戶一個非常好的系統，你給客戶一個非常好的表達方式，透過十年的經驗，你把自己磨練成一個會表達的設計師、會教育客戶的設計師，而且是會做好設計的設計師。你用了這套系統，你用了設計思維，你教育客戶獲利，這些客戶都非常感激你，這些客戶都願意跟隨你，幫你做介紹，這些展示，你都可以跟你的潛在客戶說明。

而這些設計成功的案例，你可以全部像我一樣，將它一一編號起來，一直累積到現在五百多個成功案例，讓客戶完完全全地沉溺在設計思維裡面。

讓客戶可以有目標性地朝著他的願景、理想去走，因為我們不但在幫客戶做設計，還幫他整理資訊、幫他設定目標，從 logo 設計、品牌設計，VI 視覺識別系統裡的四大類別 100 個項目，開始幫他一步步規劃品牌，產生獲利。

我的第一個成功案例，就是生技公司。從他們草創時期，就開始當他們的品牌顧問，開始教育客戶做品牌診斷定位，開始幫助客戶如何在市場找到突破口，因為自己累積了相當多的經驗，馬上可以給客戶最好的建議。而這些最好的建議，能立即讓客戶在市場有利基點。

因為我的建議是個人化、客制化的，所以客戶離不開我，是專屬於這個企業的，而這些一個接著一個成功案例，就是幫助自己快速獲利，而且透過網路，我可以快速接獲訂單。

因為我整理好資訊，我讓別人可以快速獲得了解我的資訊，我讓客戶可以快速獲得獲利的方法，甚至可以很輕鬆就轉介紹我的資訊，我幫助客戶獲利，我幫助客戶節省大量時間成本與讓客戶員工更有向心力，這些都是因為我透過設計思維、設計系統，教育客戶品牌診斷定位而來，因為我用心找出客戶需要的點，並且給予客戶專業知識，給予客戶專業能力、專業設計，客戶接受了，就會越來越信賴我。

展示作品的重要性

市場驗證成功，客戶會繼續回來找你做設計，這樣的成功案例雖然累積得不快，不過只要有一、兩個就會接到無數個，甚至以次方的方式在進行。

所以當你了解這個動作的重要性後，你就應該開始為每一個案子編號，而且做分類、標上日期，因為它可以記錄你成長的過程。

你也可以很清楚知道哪些是成功的案例，可以馬上做成簡報給客戶看。有一個最簡單的例子，那就是我平常會在社群媒體 po 文，一天至少三到六篇文章。我不斷地簡化自己的服務項目，像是品牌診斷定位、品牌設計、品牌國際專利申請、品牌行銷。每一次我都讓我的潛在客戶看見。

後來，就有一個客戶看到我的簡介，而這些簡介裡面有他感興趣的地方，他看見之後就幫我簡單轉介紹去做大學講師，為什麼他要幫我轉介紹，因為他跟我說：「你的資訊很好理解，你常常有在做整理，我看到你的作品都是有條理的、都是系統化的，讓我們可以看得懂，有益於我快速幫你做轉介紹，那當然很謝謝你願意花時間去做這件事情。」

因為你願意做這件事情，所以大部分的人，很容易就可以馬上看見你、信任你，甚至幫你做轉介紹。由於有客戶這樣的回饋，讓我信心大增，有助於我快速接到案子，甚至快速介紹更多我喜歡的案子。

而且客戶不斷地向我強調——你是我少見的設計師裡，會好好整理自己的設計作品，而且會標明日期、編號，這些都是非常少見的。也因為你有做這樣子的整理，方便我幫你做介紹，而大部分的設計師常常會忽略這件事情，只做自己喜歡做的，整理自己喜歡的方式，並沒有為他人著想，並沒有為客戶著想，導致後續的設計師想銜接設計，都非常困難。

所以很多成功案例在於一些好習慣，在於你平常整理的習慣，在於不斷強調的設計思維。

設計系統以及獲利方程式，這些方式都是我在生活裡面得到教訓，一點一滴累積下來的寶貴經驗。

我相信你在做設計的時候，有過跟我相同的感覺，設計案子已經做不完了，哪有時間再花精力去整理這些作品。等我做完設計專案的時候，再來整理這些作品，再來分類這些作品。直到有一天，你做累了、你疲憊了，到頭來案子雖然很多，但你身體受不了！！垮了！厭倦了，放棄了，才想起當初應該也花一點時間做整理。你應該具備的思維是，「客戶要少，利潤要高」，這個才是你做設計做到最後，會越做越精緻，會越做越高端的結果。這才是真正的獲利方程式！！

因為有一些好習慣，懂得去做好系統，懂得去整理好資訊，懂得讓別人看見你，懂得如何透過社群媒體讓別人快速了解你，懂得教育客戶、懂得讓別人快速理解你，所以這些成功案例一個接著一個能讓客戶去認識你，一個接著一個讓客戶幫你做轉介紹。

所以很多設計師跟我反應這件事情就是……我沒有學過這

些東西，我要如何開始？

所以在前面幾個章節裡面，我一步一步帶著你做，一步一步告訴你，我是怎麼開始的。一步一步開始建構自己的系統，一步一步讓客戶從不願意聽，到願意接受，到最後聽話，做到最後，我們幫客戶規劃的項目，客戶就直接聽話照做。

改稿的機會下降，獲利的程度上升，案子越接越多，案子越接越精緻。到最後是我們可以自己去挑客戶，而不是客戶來挑我們。如果今天是客戶來挑你的話，是因為你沒有做好，系統沒有整理好資訊，沒有教育好客戶，這些事情你都沒有做到，你才會做得這麼累，才會做得這麼辛苦。

這些知識與方法，都是實戰經驗所累積下來的成果，一個接著一個驗證跟修正，數十年的挫折與碰壁修正而成。而你現在可以做的，就是馬上去執行，整理你手邊的設計案，做成一些可以快速被搜尋的資料，快速被找到的檔案跟形象設計以及關鍵字。讓客戶知道，你有這樣整理資訊的好習慣，客戶才會喜歡你，客戶才會想找你做生意，這個就是設計的「成功案例」整理出來後，可以幫助你獲利的方式，所以當你發現這套系統可以幫助你獲利時，我希望你分享給更多人知道。

有些設計師就是不知道這套系統，導致他們不斷地在做所謂的「平面設計」，不斷地接收客戶的要求，不斷地去反覆改稿。而沒有靜下來仔細想想，去要求客戶做他們想要的「平面設計」。這些成功的案例，是客戶教我的經驗法則，他們雖然是委託設計師做專案設計，其實同時，他們也很希望可以把自身的經驗分享出去。所以，如果這個專案設計很成功，客戶當然會很希望你可以整理好，分享出去，他會更開心。

客戶會說：「雖然我是你的客戶，但是我也可以跟你分享一些業界的成功案例。」就這樣，客戶一個接著一個客戶引導我，教育我，所以我越學越深，我把這些精華全部融合在一起，再回饋給客戶，教育客戶，再幫助客戶，成就他們獲利，這個就是我的「獲利方程式」。

你也可以去運作這件事情，好好了解你怎麼去達成自己的目標，成就自己的願景，當你設定好目標，設定好願景，那麼你的獲利方程式就會一個接著一個浮現出來，讓你陸陸續續接到你理想中的案子，使你越做越輕鬆，越做越開心。

整理「成功範例」，不僅僅是幫助客戶做整理，也是幫自己做好整理，你自己本身也是個成功案例，你也可以連結客戶的成功案例跟自己的成功案例，繼續服務下一個客戶。

喬·吉拉德說：「你這輩子在銷售的產品，就是你自己」，所以如果你把你自己銷售出去，那麼你的價值就會堆疊，那麼客戶就會買單，所以你就是最好的「成功範例」。

個人品牌就是你最好的典範，你自己就是最佳的設計成功案例，整理好自己之後，快速幫助你獲利，不要只是整理單純的設計成功案例，而忽略自己也是成功案例。

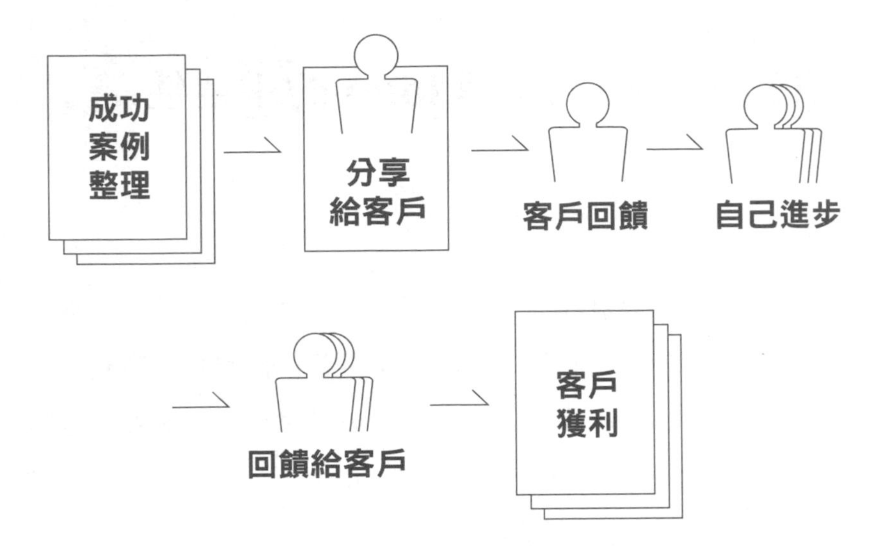

整理成功案例方式

開始去幫自己做品牌診斷與定位，讓市場快速認識你，讓市場可以看見你的優點，讓市場可以看見你的獨特賣點，這個就是我一直在強調的事，讓自己發光發熱。到最後，你只需要好好做一件事情，那就是經營好個人品牌，客戶自然會來找你，你自然會累積越來越多的成功案例。

12 個人品牌 logo 的重要性

業務能力、設計能力、印刷能力、整理資訊的能力，應變能力，還有你為自己打造的系統，這些都屬於無形的資產，而且會跟著你一輩子。當你做過客戶的成功案例之後，你就開始會想要製作個人的品牌 logo，因為你累積了一定的經歷，累積了一定的作品數量，想要試試自己的身手。

如果你也跟我一樣閱讀過幾百本書，蒐集過國外設計數萬件作品的話，你就會想要開始去執行自己的個人品牌 logo，因為看多了別人的想法、設計圖，心裡總是會癢癢的，接著就會不斷爆出很多靈感，就會想要自己執行看看，設計自己的 logo。因為這些都是你的經驗，都是屬於你自己的生活故事。

所以製作 logo 就像醞釀新生兒一樣，開始給他一些營養，開始整理他生長的環境，開始希望他越長越好，然後，漸漸激發一點一滴的靈感，去堆疊你的價值，來幫助你的大腦思考，且思考有助於成就你的個人品牌的風格。

所以在過去十幾年的裡面，我曾經做過很多自己個人化的品牌，但都不甚滿意，因為我覺得不夠成熟，覺得還不是時候，而這些不夠成熟的想法跟不是時候的想法，我認定是正確的，為什麼？因為我總覺得我好像缺少了什麼，總覺得好像還需要什麼？

我後來才發現一件事，那就是我沒有去擴大我的視野，我並沒有去完成我的夢想跟旅行，所以我安排自己出國旅行，我去過澳洲、日本、馬來西亞、香港、菲律賓等地方，我打開我的視野，我看盡世界各國文化設計，我開始思考，我的個人品牌 logo 風格，一定要做亞洲風格嗎？我能不能設計一個 logo，就直接落在國際市場風格。我能不能一開始就去看一些 logo 設計，屬於國外的 logo 設計，再去執行個人化的 logo 設計？

我一邊工作的同時，一邊思考自己的個人化 logo，而這些思考的能力和系統，都是屬於無形的資產，在第十四年的時候，我才完成自己的個人品牌 logo 設計。雖然時間很久，但是一做出來，我就非常喜歡！！他就像新生兒一樣誕生，我開始賦予他價值、養分、創造他的形象，塑造他的能力、塑造他的未來，甚至塑造他的可行性。而且這個 logo 非常的國際化，非常的簡單，因為這樣的 logo 設計是我累積了十幾年經驗才誕生出來的。

這個形象設計誕生之後，我開始去製作一些周邊商品、經營粉絲團，而這些粉絲團幫助我擴大我的視野，幫助我帶入更多的生意，我的個人化 logo 品牌可以幫助我二十四小時工作。

我在 FB po 文的同時，就會在每一個設計作品上面放上自己的 logo，我的個人品牌可以二十四小時幫助我工作，這個就是「有形的資產」，我透過一個 logo 設計，成就自己個人品牌，我用個人品牌去曝光，自己在每一個社群媒體的管道、IG、領英、Facebook、微博、line@ 生活圈。這些管道我都會放上自己的 logo 設計，它可以二十四小時幫我工作，在無數管道曝光。

而這些 logo 設計在這些地方出現的時候，等同於在分擔我的工作，等同於我的「有形的資產」。我非常強調一件事情，那就是趕快執行個人品牌 logo 的設計規劃，因為這個有形的資產，可以幫助你提高獲利的速度，完完全全大過於你的想像，可以幫助你媒合非常多的資源，當別人有 logo 而你沒有的時候，你就會失去一個合作機會。

早期我雖然有自己的工作室 logo，但是我沒有個人化的 logo。所以當那個客戶問我說，我有一個藝人的朋友，想要跟你合作，他有自己的個人品牌的商城跟 logo。請問一下，你有沒有？

當時的我並沒有個人化的 logo，我跟他說，我有……工作室的 logo，不知道可不可以？可是我那個客戶說，那個藝人朋友要求你必須要有自己個人化的 logo 才有辦法聯名合作，當時我非常震驚！！為什麼我沒有做好自己個人化的 logo ？所以我非常懊悔地失去那個案子，因為那位藝人的粉絲人數至少高達十萬人以上。

設計個人化 logo 之前

所以我痛定思痛，規劃自己的個人品牌 logo，我要設計好自己個人品牌的 logo。所以最後我花了額外的時間，幫自己設計 logo，因為我覺得上一次的案例讓我得到教訓，如果我沒有個人品牌的 logo，我將再一次失去合作的機會。

於是我開始規劃時間，設計自己的 logo，我從設計思維發想開始畫草圖，開始去蒐集非常多的資料，什麼是國際化的精品 logo，它有哪些代表性的風格？如何讓別人看到這個 logo 就能跟精品品牌畫上等號，我反覆思考著，也查找了很多資料來幫助自己激發靈感與修正。

我左思右想花了非常多的時間，至少三個月到半年都在思考這件事情。同時，我也在執行客戶的 logo 設計，在這樣的時間壓縮裡，我的個人品牌 logo 誕生了！這個 logo 名稱叫 JK-Jackson Hsu，Kuo 國家的「國」代表領土代表範圍、代表區域。

以漢字『水』為出發點水-溶於各種形體,具彈性、威力,同時也萬物間不可或缺的基礎養分。創意思考要像水一樣具備彈性,可被變化。在天地萬物間,水可以幫助生命生長,可以是主要、也可以是輔助。就像做logo設計一樣,用1ogo提升企業形象。

JK密合且時尚,飛翔且柔軟,如鋼絲般柔軟有利。也具備時尚風格,簡單有力,耐看等元素。K裡面也蘊藏著回溯箭頭,代表不忘過去經驗。

Jackson 是我的英文名字,所以我把 J.K 合在一起,變成一個精品化的國際 logo,這樣的一個 logo 幫助我有機會跟其他的個人品牌 logo 合作,甚至網紅、模特兒、藝人、電影明星都有機會合作,而這些人他們自己也有經營個人品牌,屆時合作機會就會大增。

這就是用無形的資產,變成有形的資產,從你開始想要設計自己的個人品牌 logo 開始。所以我的設計思維跟系統,幫助我打造自己個人品牌資產。幫助我打造我個人化的 logo,而且不斷地幫助我獲利跟賺錢。

雖然剛開始的時候可能影響力不大,可能沒有任何人在乎你,不過沒有關係,有些東西就是需要時間的等待,有些東西需要你常常使用它,需要你每一次使用的時候,大聲地向對方聲明說:這個就是我自己的 logo,我可以用這個 logo 跟你聯名,我可以用這個 logo 幫助你擴大曝光度。我們可以一起分享,用聯名的方式,幫助你我獲得更大的利潤,這個就是有形資產的魅力,以及有形資產的價值呈現。

打造個人品牌 logo

而後來，又發生了一件有趣的事情。那就是有人看到我製作了周邊商品，也想要跟進。對方是一個非常有影響力的網紅，他想要打造個人化品牌的 logo，所以請我為他設計個人化品牌 logo，而這個 logo 設計出來時，對方非常喜歡，一直使用到現在，也製作了非常多的周邊商品在販售（因有保密條款合約，故無法放置設計作品）。

周邊商品獲利的製作就是你的有形資產，你用周邊商品時，就能擴大你的有形資產。如果更多人買單的話，那麼獲利機會就更大，影響力就更大，甚至有些人會直接拿你的 logo 穿在自己身上，馬克杯、杯墊、滑鼠墊，甚至行動電源都印著你的 logo，因為他覺得使用印有你的 logo 的周邊商品非常有面子。

這個就是一種崇拜的象徵，就是一種地位的象徵。而這些人為什麼願意拿著你的個人品牌 logo 到處宣傳。因為你有影響力，透過賦予 logo 的價值，他感覺自己很不一樣，很有份量，所以他願意幫你免費宣傳。因此這個 logo 不但可以二十四小時幫你工作，還可以讓粉絲幫你宣傳，還可以讓你的親朋好友做宣傳。

我舉一個最簡單的例子，當你的親朋好友問到你在做什麼的時候？你可能會說，我是在做房仲，我是在做保險，我是在做一般的業務工作，我是在做服務生工作等等。親戚朋友可能會說……喔……那你有副業嗎？你可以回答，我有經營自己的個人品牌 logo，親戚朋友一定問說，那是什麼？

你開始解釋，所謂個人品牌 logo 就是透過我的臉、我的平台、我的 logo 賦予價值，來幫助你的商品提高價位，這個就是我在做的副業。親朋好友聽到這件事情，下一句會問，那麼你的 logo 長什麼樣子呢？

你就要立刻拿出手機，打開你的粉絲團與他分享：這個就是我的 logo，這個就是我在經營的個人粉絲團，因為透過我的關係，我可以幫助很多的廠商提高他們的產品價位，由於你這樣解釋，親朋好友懂了，就會幫你做引薦。

你以個人化的方式在經營自己個人品牌，你用無形的資產（知識）打造有形的資產，所以親朋好友清清楚楚知道你可能不僅僅是業務員、房仲、保險、服務生。另外一個副業就是在經營個人品牌的 logo，在經營個人品牌的平台。

擁有個人化 logo 的好處

這個就是最好的一個例子，所以為什麼很多的電影明星都會成立粉絲團，而且是個人的粉絲團，就是這個原因。剛開始，他們都會用自己的大頭貼，自己的臉在做宣傳，久而久之，你會發現一件事情，就是他們開始有自己的 logo，開始發展一些周邊商品。最經典的例子就是麥可．喬丹，他在公牛隊的時候，帶領球隊打到總冠軍，期間就創造一個空中飛人的品牌，自己的球鞋、自己的 logo，藉由媒體的力量，把自己的個人品牌最大化，這個就是最經典的例子。

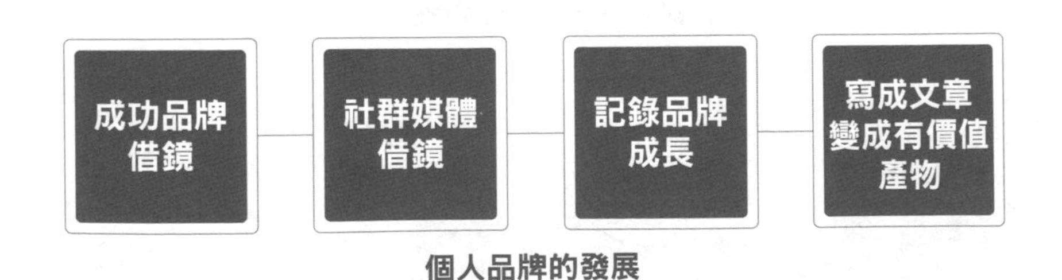

個人品牌的發展

當你明白這一點的時候，你就應該趕快去打造自己的個人品牌 logo，做好個人品牌定位，等你做好這件事情的時候，你就有小幫手可以幫你拓展你的個人品牌魅力，因為這個 logo 可以幫你二十四小時工作。

設計個人品牌 (階段 -1)

選好記憶
的形象

大量閱讀
相關資料

▼

設計個人品牌 (階段 -2)

詳細
聯絡方式

▼

設計個人品牌 (階段 -3)

要求公開
分享自己
的形象

如何結合個人品牌＋成功案例整理的方法

個人品牌另外一種說法，就是影響力。當你以 logo 為中心往外擴散的時候，就是你的影響力圈，你的親朋好友知道你在做什麼事情，會幫你推薦，推薦的中間，因為你有自己的個人品牌 logo，所以你的親朋好友可以很清楚知道如何幫你做推薦。

你可以利用社群媒體的力量，藉由面對面的機會，或用業務交流去拓展你的個人品牌魅力，而在這個章節裡面，我想教你如何將個人品牌與你的成功案例做結合。而這些成功案例不僅僅只是你個人的成功案例，還有你自己蒐集的成功案例。例如：我在網路上常常看到很多個人品牌的成功案例，那你可不可以把這些成功案例蒐集起來，變成簡報，作為輔助範例推薦給有需要的客戶，幫他規劃個人品牌的設計呢？

而這個整理資訊能力直接加註在你個人品牌的魅力身上。當客戶知道你有這樣的服務時，就會對你產生更多的好感，對你有好感的客戶就會從原本設定你為設計師的角色，再另外為你設定一個多角化經營角色。

因為客戶知道你是一個知識貢獻者，他就願意把他的一些資產給你做設計練習，而所謂的「資產」，可能就是需要被設計的東西。而這需要被設計的東西，因為都是圖片跟文字，客戶不知道怎麼去把它整理出來，但你可以用你的專業能力，把它變成一個有效的設計作品。

所以當無形資產的設計服務能力轉換之後，變成有形的資產的東西，就是在幫助自己和客戶獲利。

另外，當你結合一些你自己蒐集的成功案例，這些案例也可以幫助客戶獲利，還有你的個人品牌的魅力也能幫助客戶找到更多的生意。比方說，你有在經營粉絲團，你可不可以把成功案例跟客戶的案例做結合，分享在粉絲團，讓更多人看見？

重要的是你要不斷去 po 文、去寫文章，這些都是屬於無形的資產轉換成有形資產的過程，把你腦袋裡面的想法、感受、故事，全部轉換成文字 po 出來，這就變成了有形的資產。

但說真的，這過程其實是非常煎熬，剛開始我也是這樣子，我在經營粉絲團的時候，人數可能兩、三百個人。因為沒有人在看，我就會怠惰，因為沒有人看，我會覺得反正都沒有人在看，那我乾脆就不寫，有一段時間，我真的放棄了……

而後來為什麼我又打起精神繼續 po 文，因為有陌生的網友私訊到我的粉絲團，跟我說他常常關注我的 po 文，說我的的文章帶給他非常大的鼓舞跟鼓勵。這對我來說有極大的鼓勵跟信心，令我信心大增！因為我知道有人在關注我，即便他可能沒有幫我按讚，即便他可能沒有這個習慣。但沒關係！因為我每一次的po文對他來說都非常有幫助，而他願意跟隨我，於是我就保持這個好習慣至今。

讓別人知道我有po文的習慣，是對他有幫助的，所以當客戶知道我在做這件事情的時候，他也會跟進。本來他們的企業品牌自己有粉絲團，他自己另外再開一個個人品牌的粉絲團。若是未來這個企業轉換接班人的時候，他自己個人品牌也已經養起來、經營起來。

所以這個個人品牌的粉絲團，他也可以另外利用這些粉絲再創另一個新公司。再創立一個新的受眾，比方說：很多企業的老闆或者是一些即將退休的人，像是徐重仁，他本來是超商7-11總經理，幫7-11推廣了非常多的成功商業模式，而後來，他打算退休，他就自己成立了個人的粉絲團。

他開始把一些原本在7-11的一些粉絲導入他個人的粉絲團裡面，因為他知道個人魅力其實可以不斷精進跟經營，而且個人品牌壽命會比企業來得更久。

所以他就成立自己個人粉絲團、個人品牌。而這樣的經營方式非常聰明，他將既有的統一超商7-11受眾引導到他自己個人的粉絲團裡面，而同時把他自己經營企業的想法全部文字化，全部變成文章，並整理成有用的文字，之後變成有形的資產，給更多想要創業的年輕人，提供一個非常好的範例。

後來很多人開始慢慢跟進，所以我們看到「嚴長壽」也做了這件事情，在他退休之後成立了基金會，建了個人粉絲團，也讓一些跟隨者來學習他怎麼去經營飯店。

而礁溪老爺酒店的沈方正總經理，也成立自己個人粉絲團，他先是打造一個有形的資產，自己的飯店，然後用自己的經營思維開始去製作另外一個有形的資產。而無形的資產是什麼？就是你非常有價值的思維跟系統，就是你日積月累所達到的經驗跟累積的經驗。

而這些經驗非常寶貴，因為每個人的經歷都不一樣，而我們就是想要學習這樣的經歷，是我們跟隨的你，不是你經營的企業，因為打從一開始，粉絲想跟隨的，就是你這個人。

當你腦袋裡的東西變得有價值，那個就是「無形的資產」，當你把腦袋裡的價值全部實踐出來了，就變成了「有形的資產」。

我們為什麼要人家腦袋裡面的東西作為借鏡，因為我們覺得那個東西是非常有價值的，所以這些成功的案例，我們是不是可以拿來做文章、說故事？而這些成功案例是不是可以一個接著一個放在你的腦袋裡面，當作你最好的學習榜樣與故事。

我們可不可以借用別人的成功案例、借重別人個人品牌的成功案例來幫助自己獲利？可以！！因為你知道的多、因為你知道的廣！！客戶也會增加對你的信任感。

拿破崙、牛頓、愛因斯坦都是屬於個人品牌魅力的展現，影響後代世人非常非常深，而這些人在那個年代裡面並不知道什麼是個人品牌魅力，他們只知道，做這件事情，可以幫助他們拓展自己的事業，而且是以個人去影響企業，甚至好幾間企業。

愛迪生也是屬於個人品牌魅力的展現者之一，他以自己個人為出發點成立的「愛迪生實驗室」，當時很多人都爭相想要去他的實驗室工作，只因為「愛迪生」這個名字。所以當我們聽到愛迪生的時候，就知道他是個了不起的人物。

他的個人品牌魅力甚至跨越到現代，所以當你看到燈泡這個東西，就會想到愛迪生，試問個人品牌魅力可不可以延伸到幾百年之後？可以！！可不可以幫幾百年之後的人更多？可以！！

所以你要思考一件事情，就是如何集合個人品牌加上過去那些人的成功案例，整理好這些想法之後，來幫助你獲得更多案子的合作機會。

我把這個概念跟客戶分享之後，他大吃一驚，他唯一想做的一件事情就是趕快設計個人品牌的 logo，趕快在企業還存活的時候，設計個人品牌 logo，因為他也想要傳承，想找接班人。並且客戶認為，這件事情越快越好，為什麼要越快越好？因為在經營企業品牌的同時，個人品牌也必須要同時進行！！這樣才會有加乘效果！！

這個時候你要思考，要怎麼去結合個人品牌的魅力，我要怎麼去運作個人品牌，當你知道我在每一個章節裡面所說到的系統、整理方式，還有一些業務能力、設計能力以及應變能力，若是這些東西你都可以把它文字化，那麼你的有形資產就累積出來了，你可以像我一樣，每天都 po 文在社群媒體上面，讓網上的朋友每天都能看到你，甚至早上po一篇，中午po一篇，下午 po 一篇，晚上 po 一篇，一步步打造自己的文字帝國與有形資產。

你可能覺得沒有人看，其實大家都有在看，雖然只是手指頭輕輕滑過手機，但是他絕對看得到你每天都在做這件事情，你的個人品牌的魅力跟價值就會累積出來。

剛開始的一個月可能沒有人會理你，可是半年之後，陸陸續續會有人注意你！！甚至一年之後你繼續堅持的話，開始會有些人想會要跟你合作，為什麼？因為你的堅持和你的內容感動到對方。

你也可以參考我的方式，我每天早上六點起床，六點到八點的時間，是我進修和閱讀的時間，還有我寫日記的時間，為什麼要寫日記呢？因為我可以檢視自己做對哪些事情？做錯了哪些事情？而這個習慣已經持續好幾年。

寫日記其實也是跟個人品牌是息息相關，並且有幫助，因為要時時刻刻去調整個人品牌的一些價值跟運作方法，所以我用寫日記的方式，來記錄、了解自己這幾週做了什麼事情，我應該做哪些修正？為什麼我工作這麼多？收入這麼少？為什麼我接了這麼多案子，可是我的收入卻沒有增加？我做對了哪些事情，做錯哪些事情，我都可以在日記裡面找到！！而以我個人的名字為出發點所製作個人品牌，我就可以很清楚知道，當我在述說自己個人品牌去接案子的時候，客戶會不會買單，我會在日記裡面特別註記。

這些都是我成功案例的紀錄，而這些成功案例，客戶都會了解，客戶都會知道，甚至他會跟隨我去培養這樣的好習慣，跟我一樣六點起床，八點之前閱讀和做自己喜歡的事情。

你也可以試著在一週裡挑一、兩天早起。而這段時間不會有人打擾你。因為大家都還在睡覺，這段時間是屬於你自己的。你可以在這段時間去靜心，去做自己想做的事情，甚至去整理自己的思緒，釋放能量，釋放自己的想法，讓自己舒壓。

這些所有的過程，你都必須要把它記．錄．下．來．變成文章，放在社群媒體裡面，不僅僅只有Facebook，還有IG、領英、微博、微信、line@生活圈、甚至TikTok……這些全世界的人都看得到的地方。你不知道什麼時候，人家會忽然想找你做個人品牌設計，你不知道什麼時候，人家想要跟你合作，所以在這之前，你就必須先幫自己打造出個人品牌logo，先做好自己個人品牌診斷跟定位，讓別人有機會快速了解你。

開始做之後，以這樣的方法持續累積文章，我相信，如果你每天都po文的話，一天po六篇文章，那麼你一個月就一百八十篇文章，剛開始你可能沒辦法寫出這麼多東西出來，但沒有關係，在接下來的幾個章節我會教你如何用九宮格思考法、曼陀羅思考法，快速產生文章的方法。我曾經在每四年一次的二月二十九號這個特殊節日，po 了六十篇文章，我是如何在一天內辦到的？我就是用九宮格思考法、曼陀羅思考法辦到的，一天 po 六十篇文章，在二月二十九號那天！！

也因為這樣子造就了話題，讓更多朋友看到我是認真的，我是用心在經營自己個人品牌，我想要做這件事情，而這些習慣是強迫出來的！！是故意的！！是積極的！！是正面的！！是開心的！！沒有人可以阻止你，但是你必須要強迫你自己。

文章的累積就是你的有形資產，文章累積可以轉換成有價資產，怎麼轉換？那就是安排出書，整理這些文章，一百八十篇文章，挑選五十篇文章，每一篇文章一千個字，五十篇文章就五萬個字，一本書三百二十幾頁，至少就有五萬多字以上，足夠你慢慢篩選，慢慢去精練這些文章，從一百八十篇裡面挑選你最喜歡的五十到六十篇，選擇投稿給出版社跟分享在網路上，這個就是把無形的資產轉換成有形資產的過程。

所以你可以敘述你如何經營個人品牌的過程，你可以敘述你如何去製作你個人品牌 logo 的過程。而這些都可以變成有趣的故事，這些分享的文章都可以幫助你出好一本書，這些文章都可以幫助後來想要經營個人品牌的那些設計師，那些企業創辦人都可以做好個人品牌，甚至這些文章還可以分享讓更多人知道。讓他們的企業獲利之外，個人品牌經營起來也可以獲利。

當你擁有「有形資產」之後，你的內心會更加踏實，做起事情來也會更加有活力。因為你知道，你是一步一腳印在累積自己的個人品牌價值，是誰也拿不走的重要資產，所以相對的，你會更加珍惜跟善用。

★ 個人品牌有形資產常見分類 ★

1. 有故事性、有教學性、有趣味性自己寫的文章
2. 自有頻道影片分享或教學
3. 個人網路社群平台，ex：粉絲團、網站、部落格
4. 有聲書或音樂專輯，以及自己製作的音效等等
5. 藝術創作、展覽、雕塑、建築等等
6. 個人攝影照片、紀錄
7. Google Map 在地嚮導照片分享、評論

透過品牌診斷與定位做好個人品牌架構

品牌診斷定位好比是 CIS 企業識別系統裡面的 MI 理念識別的部分。這個部分相當重要！！為什麼？好比是創辦的故事、好比是創辦人的文化、好比是個人服務價值。而這些品牌診斷定位，每一個階段你都必須要走過一遍。

比方說，你，是從哪裡來的？你出生在哪裡？還有你最喜歡的東西是什麼？以及你想要把你的事業做到什麼樣的程度，還有就是你給人的感覺是什麼？你的朋友是如何介紹你自己的？這些都屬於品牌診斷與定位裡面的服務項目。

那我簡單說明一下品牌診斷跟定位，品牌診斷跟定位是我透過十幾年經驗，覺得可以跟 CIS 的 MI（理念識別）做最有效的結合，裡面的訪問方式，可以幫助創辦人快速理解品牌是什麼，甚至可以創出品牌診斷書，幫助企業跟業主快速和他的客戶、消費者溝通。

那麼品牌診斷跟定位裡面，有一個項目很重要，就是你有沒有想過把你的事業做傳承？大部分老闆都沒有想過這件事情，以及個人網紅也沒有想過，而得到的答案都是「我沒想過，這很重要嗎？」後來透過我的品牌教育訓練讓客戶明白，原來品牌需要「傳承」，以及傳承之後的價值是無限大的。除此之外，當做完品牌診斷與定位，還可以讓客戶馬上去幫你做傳遞跟引薦，所以你的品牌診斷跟定位千萬不能忽略。

如果你忽略這個的話，你可能只會設計出一個 logo，logo 設計完之後就不知道要幹嘛？！也不知道這個 logo 怎麼幫助你獲利？所以品牌診斷跟定位相當的重要。

進行品牌診斷跟定位後，你會慢慢挖掘自己，發現自己的問題在哪裡，發現自己還有哪些不足的地方，發現你未來的走向，你會覺得完全跟你想像的不一樣。某個層面來說，你已經開始跟自己深度對話。

品牌定位的同時，你要很清楚知道這診斷書用途是什麼？唯有自己做過一次，你才會清楚知道怎麼使用。而後，才可以幫助客戶診斷，讓客戶可以跟他的行銷人員、美編做溝通，讓他們幫客戶做好行銷。因為這個診斷書還有品牌故事是可以快速讓自己跟客戶了解你在做什麼事情，以及快速讓行銷人員去做行銷。

當你做好了品牌診斷與定位，那麼接下來的個人品牌架構就相當的重要。如果你是一個想要成立自己個人品牌的設計師，那麼你一定要擁有自己的 logo、自己的個人品牌診斷書。

而這個架構怎麼開始？從你自己本身的名字開始，你可能必須要有自己的中文名字，另外還要取一個英文名字，讓全世界的人有機會認識你。

然後你必須要有三十個字以內的簡短自我介紹，為什麼要三十個字，因為人們在閱讀時，三十個字以內是還可以被記憶，如果超過了三十個字的話，記憶就會開始混亂，根本就不記得你在做什麼事情。最好是五個字為一個單位、五個字為一個段落，然後六個段落來做自我介紹。

這樣的規則是誰訂的呢？是 Facebook 設定個人介紹欄位部分，在手機跟電腦版介紹的部分閱讀就相當的清楚、容易，而且一目了然知道你在做什麼事情。

要先吸引你的潛在消費者注意，你才有辦法跟他們做生意。如果你今天連自我介紹、中文名字、英文名字都沒有做好的話，其實你要做生意就相當的困難。透過品牌診斷書，做好自己個人的品牌架構，第一步就是要想好你的中英文名字，還有短短的三十個字以內的自我介紹。另外，最好有自己三十秒影片的自我介紹方式。

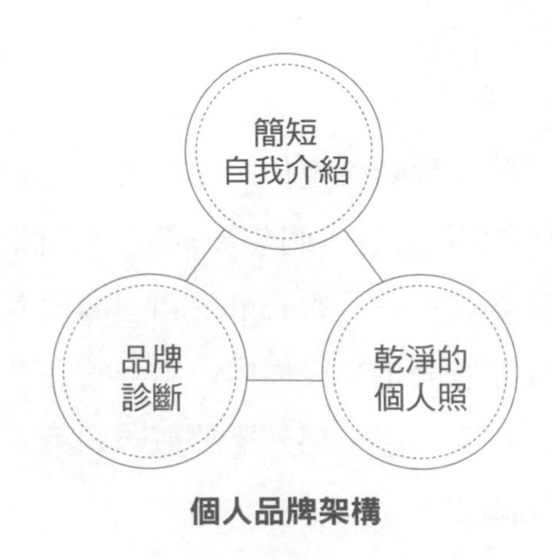

個人品牌架構

為什麼要強調三十秒，因為你可能有機會在坐電梯時遇到你的目標客戶，目標客戶可能就是你夢寐以求的目標客戶，你能不能在這短短的時間裡介紹你自己，讓他印象深刻？能不能讓他知道你到底要做些什麼事情，願不願意馬上跟你做生意？跟你要聯絡方式，就在這短短關鍵的三十個字以內！！

而這短短的三十字介紹文及三十秒介紹，你要不斷地重複練習，這個就是個人品牌架構的第一步！！

而第二步是什麼？第二步就是你必須要有良好的形象。所謂的很好形象不是你要多帥、多漂亮，而是你要給人好的第一印象，選一張舒服、乾淨相片放在社群媒體裡面，因為當你氣色好了、精神好了，人們才會想要幫你做引薦，才會持續關注你和喜歡你。

民眾就是想要看舒服的照片，就像我們在拍大頭照一樣，在護照裡面，大頭照就是要舒服、乾淨，讓每一位看到你照片的人，都覺得印象深刻、心情愉悅，這是第二步，讓人覺得舒服的自我形象照。

第三步你必須要拿自己的品牌診斷書的內容去跟你的行銷朋友、行銷人員討論，我應該怎麼做？應該如何做可以更好？可以把這些服務項目跟創辦人的文化還有定位，還有獨特賣點，讓更多的消費者和你的行銷朋友知道，讓他們給你一些建議。

並且評估別人的意見是什麼？聽聽看別人的意見是什麼？

這樣你可以獲得什麼東西？從中獲得你想要的情報與資源！

並且整理關鍵字存檔好，那這些關鍵字可以拿來做什麼？可以拿來 po 文，所以品牌診斷書裡面，有一些的關鍵字是可以拿來 po 文的，而且是完完全全可以拿來複製的。而這個品牌診斷書跟個人品牌架構結合在一起之後，你就要開始持續 po 文。而這些持續 po 文的目的就是讓別人看見你之後甚至馬上就能喜歡上你，當別人喜歡你之後，就會慢慢去 follow 你的動態。

如果今天很多人開始 follow 動態，而且按讚數變多的話表示你這個推文是相當成功的，所以不論是設計師或是個人的部分，你都要好好介紹自己，好好介紹自己的生活，讓別人知道你過得如何，如何去記錄你的生活等等，將來有機會幫你做介紹生意的動作。

我們常常忽略這一點的話，生意可能就越來越少，機會就越來越少。因為我們沒有人脈，沒有人認識我們，也沒有花時間去讓別人認識我們自己，我們沒有整理好自己的資訊，讓別人有機會認識我們。所以在個人品牌的架構，你就必須要把這些關鍵字和自我介紹，清清楚楚地放在網路上，讓別人可以透過網路來認識你。

透過網路來認識你的同時，就減少了溝通的時間成本。因為他們已經大致上了解你，你只需要再畫龍點睛地簡單說幾個設計重點，他們馬上就會跟你做生意。因為這樣的方式，你可以更快速找到你要的生意機會。

你完成品牌診斷與定位之後，你的個人品牌架構就已經完成一半，因為你清楚知道你將來的路要怎麼走？你知道你怎麼走會找到更多理想中的客戶。可是有人不這麼認為，因為他們認為：反正，我就先把自己的個人形象照、個人的影片做好就好了，什麼認識自己、了解自己、診斷自己什麼的，等我有時間再說吧！現在不是時候，我也不會……等等理由，讓自己一再失去拿到好案子的機會，讓自己失去將來會有更多時間做自己喜歡案子的機會。

其實並不是這樣子的，應該開始就要做這件事情，將來粉絲再回頭看著記錄的時候，粉絲們會很感動，因為他們知道你是努力過來的，同時紀錄也是相當豐富有趣。不論是好或是不好，都一定要做好這件事情，個人品牌架構建立起來，好讓更多人有機會看見你。因為你不知道有哪一些你理想的潛在客戶正等著看你把事情做好，但如果其實你已經在做的話，那些潛在客戶可能現在沒有需求，或許將來會有需求，就等你發展起來而已。

客戶將來有需求的時候看到你做這件事情的同時，客戶反而會非常開心，因為他可以跟他的客戶討論說，這個設計師有個粉絲團可以看作品，記錄著他過往的設計經歷，還做了自我介紹，整個介紹很清楚，讓客戶充滿信心地捧著設計專案去找你。

第四步是什麼？第四步就是跟別人合作。所謂的合作是什麼？去tag別人，當完成一件事、一個case，因為這個產業是與他相關，你就可以tag他，徵求他的同意來分享到你的朋友圈，來分享你的潛在客戶，讓這些客戶看見，客戶會回頭去看你的資料，所以當客戶回頭審視你的資料時，發現他有需求是跟你挺符合的，需要一點專業服務時，那麼這個生意就成了。

這個生意成交之後，要感謝那個朋友，因為他願意讓你tag，願意分享他的朋友圈給你認識，這就是第四步。

第五步是什麼？當你建立個人品牌架構的時候，你必須要把這些記錄全部寫下來，你是怎麼開始的？你是如何累積到這些粉絲團的？你是如何做好個人形象照的過程？你是如何找到攝影師或如何挑選的，通通都要記錄下來。

要把這些過程全部寫下來。為什麼要寫這些事情？因為將來你成功之後，別人也想要做這件事情，你有記錄下來的話，你就不需要再花時間去思考要怎麼解釋、怎麼說明，你也不需要花時間去教他這件事情。你只需要把這些記錄全部給他看，請他試著去練習看看。如果他成功了！！代表你的苦心得到認同，所以把這些過程寫下來是相當重要的！！

那這個過程記錄需要多少個字數，要寫什麼內容由你自己親身體驗來決定，沒有限定，但是你要依照著個人品牌的診斷書去做！！如果你可以依照診斷書內容去做的話，那個架構相當的清楚，從什麼時候開始行銷？週期是什麼？未來的發展是什麼？你的獨特賣點是什麼？這些在診斷書上全都清清楚楚，所以你必須要把這個診斷書，過程記錄整理好之後，內容全部交給下一個你信任的人，讓他繼續去練習，讓他可以快速成功，這個就是所有的步驟。

這些步驟可以幫助你快速找到生意，而且可以幫助你快速建立個人品牌的價值，有助於快速建立個人品牌的架構。而這些做好之後，人家會非常信賴你！！因為你是有系統的設計師，你是有系統在整理自己個人的品牌，這樣可以幫助你的生意做好，可以幫助你的生意做到全球，甚至拓展到更多的全球市場生意。

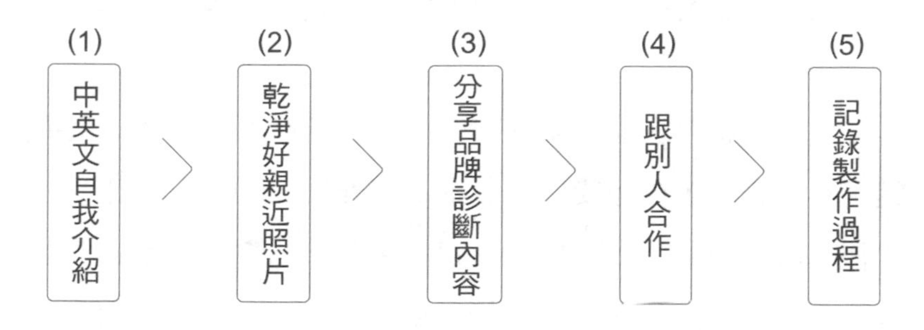

個人品牌架構步驟

品牌診斷調查表下載
https://lihi1.com/XIajL

15 打造有形資產

曼陀羅思考法在這個世代裡面其實常常被使用，而這個方法我已經使用了大概十年的時間。九宮格（曼陀羅思考法）在創意發想時非常好用，要做文章、要寫故事理念，都是非常好用的發想工具。

九宮格曼陀羅思考法＋關鍵字＋設計＝打造有形資產

九宮格思考法是可以幫助你快速找到你腦海裡面的重要關鍵字，比方說，你想要做一個 logo 設計，而 logo 設計，它就放在主題的中間，從順時針方向左邊第一個數來開始寫下這個 logo 特性、這個 logo 的長相、logo 的顏色，以及這個 logo 的產品屬性，還有這個 logo 的顏色等等。依序寫下來至少有八個，而一般我們在創意思考的時候會有一、二、三、四、五、六、七、八這樣去條列，通常在第五個、第六個的時候，我們就已經寫不下去，所以九宮格思考法是強迫我們在創意發想的時候，自己會自發性地填到空格裡面，這樣寫在空格裡面的動作，是強迫大腦填滿空格。

而且人的慣性就是會把自己看到的空格下意識地把它填滿，所以當你填滿這八個格子的時候，你已經想到八個創意。所以九宮格思考法，這樣的創意發想是非常有幫助。我在每一次設計 logo 的時候，都是使用九宮格思考法來做創意發想。

1	2	3
8	**主題** [大量閱讀為基礎]	4
7	6	5

九宮格思考法

這樣的創意發想，替我節省大量的時間成本，幫助我在和客戶會議時，節省非常多的記錄時間。每一次開會時，我都會直接把一些會議關鍵字直接填入九宮格裡面，事後整理資料時，就直接看關鍵字回想當時的會議狀況就可以了。

因為這樣的習慣培養，我透過關鍵字開始執行一些視覺設計，發現非常有效率，查找一些視覺設計的相關資料也很方便。因為這些關鍵字可以幫助我的大腦回想起很多的事情，幫助大腦邏輯思考，幫助大腦發想更多輔助的關鍵字。

比方說，我把內容八個中的其中一個關鍵字放在中間主題，立刻就能再發想出另外八個關鍵字的主題，所以這樣的思考方式，我可以發展出六十四個關鍵字，來協助做設計，還有平面設計。

如此結合之後，會得到一個結果，就是你產出的速度會相當快，而你文章產出速度也會很快。那麼，你要如何運用「九宮格的思考法」來幫助你快速產出？就是在本來的生活裡面，你就必須要大量閱讀，累積自己的背景知識。

我相信這是很多成功人士會提到的「習慣」，大量的閱讀，讓自己腦袋靈活思考。因為在閱讀的同時可以間接觸發你很多靈感。大量閱讀可以幫你打通大腦裡的神經元，讓你的神經元產生電力，觸發靈感，讓你獲得輕鬆的工作效率。

閱讀也不要受限，任何你有興趣的書籍都可以拿來閱讀，因為那都可以觸發靈感。可以幫助你寫設計理念，以及在完成九宮格（曼陀羅思考法）練習的時候非常快速。所以不要忘了，一定要大量閱讀及持續練習，繼而提升你工作上的效率，以及實質上的靈感需求。

這個就是九宮格思考方式的使用方法，它的好處就是可以幫助你快速整理資訊、幫助你快速產出靈感，以及幫助你快速做好你的設計稿，這是最棒最棒的地方。除此之外，當你把這些東西全部系統化、記錄完成之後，你就達到了一個有形資產的階段，而且你可以把這個步驟完全電子化，保存下來。把它留下來之後，也可以分享給別人知道，甚至你分享給別人知道的同時，別人可能也用同樣的方式在記錄自己的生活跟自己的專業能力，還有自己的工作，再與你分享，產生連結，彼此互助之後，進步更快！

所以當你做了這件事情的時候，別人同時也做了這件事，你們可以分享彼此的智慧結晶，當你們分享彼此的智慧結晶後，那麼進步的速度就相當快了，學習的速度也會躍升。而這麼快的速度裡面你會發現了另外一件事情，那就是你的獲利也變快了！

當你的獲利變快之後，你就不用再擔心找不到生意這件事情。因為你做好了關鍵性的思考方式，你做好了最節省時間、成本的創意發想方式，而且你也把這些關鍵字全部記錄下來。你不但把這些關鍵字全部記錄下來，你還分享給別人，同時做一件事情就可以滿足三個條件，第一個就是你記錄的條件，第二個就是你創意發展的條件，第三個就是你分享的條件。

達成這三個條件之後，人家會把你當作一個知識分享者，人家看到你的高度就完全不一樣。你不再只是一名設計師，你還是一位顧問、一位知識分享者、一名講師，甚至你可能是一位設計顧問之外，你還是一個很棒的教育者，因為你把這些知識全部關鍵字化，全部吸收完之後，變成自己擁有的東西再分享出去。

別人成長之後，就會明白原來你是一個成長型的設計師，你是會幫助別人的設計師，而非僅僅只是做平面設計的設計師，不僅僅只是客戶給你一些文字和圖片，你就完成平面設計給他的設計師。

你是一個非常棒的設計師，你能把設計系統化，把一些關鍵字全部記錄下來，你在會議過程裡面，將這些會議的過程全都記錄下來，反饋給客戶。所以客戶覺得你是一個很棒的設計師，願意聆聽的設計師，願意做記錄的設計師。另外一件事情就是把這些東西全部集合起來整理成一個有形的資產，你去做這樣的一個資訊資產跟有形的資產的集合，可以不斷拉高你的地位。

當你這麼做的時候，別人也想要這麼做，你就不僅僅只是設計師，你可以收一定金額的顧問費用，你可以收教育的費用，甚至可以收課程費用，而這些課程的費用跟教育費用以及所有的內容，全部都是你在工作的過程裡面就已經建立起來的。

你不需要再另外花時間去做這件事情，因為在你平常的時候就已經整理好了，而且你也習慣這麼做。當你做了這些事情的時候，別人看到之後，想跟你購買課程，想向你諮詢的話，那麼你的生意就會接不完了。你的客戶將會越來越多，你的利潤也會越來越高，為什麼？因為你分享的不僅僅是知識，不僅僅是設計，還有一些商業策略、商業行為跟獲利的方式。這些方法是日積月累，慢慢累積出來的，別人是無法在短時間內超越你的。

這是非常辛苦的過程，你自己最清楚，因為你曾經走過這樣的過程，因為你清楚這些過程，想要去珍惜這些過程，所以你做的事情都是非常踏實的。

成功不是轟轟烈烈，而是點點滴滴，那麼這些點滴的過程，你可能會多掉幾滴眼淚都是正常的，因為那時候並不會有人懂你這麼做，他們不理解，也不會支持你。那時候沒有人知道你為了這些事情，這麼努力著。

當你得到一些成果後，別人才會開始慢慢發覺，開始慢慢注意到你，開始慢慢關注，願意關注你的人就會 follow 你、跟隨你，甚至想要去買你的課程，想要找你做諮詢，想要知道在你身上可以獲得什麼樣的幫助。

屆時你會的東西就再也不僅僅只是設計能力，不僅僅只是業務能力，不僅僅只是印刷能力，你還會整合的能力，你還懂資訊整合能力，或者是一些人脈、平台的引薦能力，而這些能力是你通過日積月累所累積出來的能力，這些能力你也可以把它記錄下來，變成你的有形資產，透過設計的方式將它美化，讓別人能更快速吸收你整理出來的資訊。

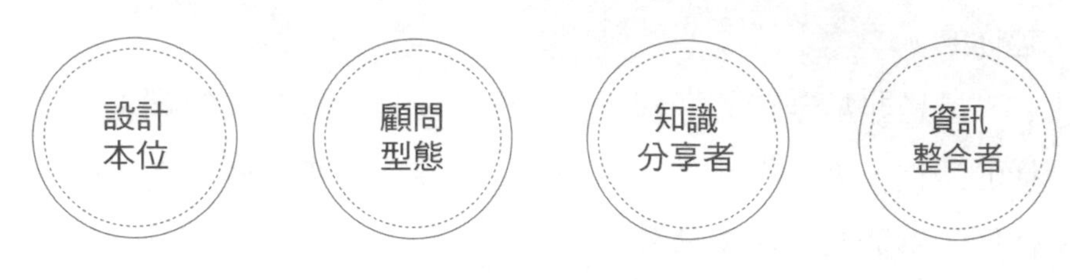

多面向設計師

這個就是身為設計師本來就會具備的能力，只是你透過不同的方式把它記錄下來，讓別人更快速了解這個人到底在做些什麼事情。這些事情就是透過九宮格曼陀羅思考法，依序把它整理出的關鍵字，將它一個字一個字變成故事，這樣簡單快速，而透過你設計，再做美化，一層一層堆疊價值上去，你的整合能力豐富，你的表達能力豐富，你豐富了這些生活，你豐富了自己。別人就會想要去靠近你，甚至喜歡你，進而跟你做生意，這個就是方法跟步驟，讓你打造一個有形資產，而且這個有形資產是會隨時間不斷提升價值。

你這一代累積出來的所有資訊產品、數位產品跟有形資產，也可以傳承給下一代，讓他們知道你這輩子做了什麼事情，讓他們知道，你曾經努力過。

讓他們知道這個訊息跟知識可以傳遞到下一代，可以做傳承。而這些珍貴的東西都是你生活的點點滴滴，都是你與客戶做生意的點點滴滴。你很用心地全部整理起來。因為你的用心，你的子子孫孫都會看見，你的後代會珍惜，因為你的用心，接觸你的人，跟你做朋友的人也會非常珍惜。

而這些用心的過程，你會知道不會白費。你會越來越好，你是一個有價值的設計師，你是一個會資訊整合的設計師，你是一個會整合能力的設計師。而這些能力就是透過九宮格曼陀羅思考法，透過設計，透過整合能力、透過思考能力，透過你的業務能力，透過你的運算能力跟應變能力，全部把它系統化地整理下來。

以這樣的方式整理的話，你就可以快速產出你的作品，快速產出你的設計理念，快速產出你的品牌故事。

幫助自己，也幫助別人。當你這麼做的時候，你一定要把這個方法分享給更多人知道，把這個方法讓更多人也能快速節省他的時間成本，所以你幫助的人越多，獲利就越多。

九宮格思考法，是使用邏輯的方式在整理腦袋裡面一些飛躍的想法。它能有效讓你的創意腦轉換成邏輯腦，讓別人可以快速讀懂你的想法跟做法。也能大大節省彼此認知的時間，同時，不用花太多時間去了解對方，就可以馬上產生信任感，進一步做生意。如果練習的次數越多，腦袋也會越靈活，在表達說話方面也會同步提升。

九宮格思考法實踐圖

身體保養	喝營養補充品	前蹲舉90公斤	腳步改善	軀幹強化	身體軸心穩定	投出角度	從上把球往下壓	手腕增強
柔軟性	體格	深蹲舉130公斤	放球點穩定	控球	消除不安	放鬆	球質	用下半身主導(投球)
體力	身體活動範圍	吃飯早三碗、晚七碗	加強下半身	身體不要開掉	控制自己的心理	放球點往前	提高球的轉數	身體活動範圍
乾脆、不猶豫	不要一喜一憂	頭冷心熱	體格	控球	球質	順著軸心旋轉	強化下半身	增加體重
能因應危機	心理	不隨氣氛起舞	心理	8球隊第一選擇	球速每小時100公里	軀幹強化	球速每小時100公里	強化肩膀附近肌肉
心情不起伏	對勝利執著	體諒夥伴	人氣	運氣	變化球	身體活動範圍	長傳球練習	增加用球數
感性	為人所愛	有計劃	問好	撿垃圾	打掃房間	增加拿到好球數的球種	完成指叉球	滑球品質
為人著想	人氣	感謝	珍惜球具	運氣	對裁判的態度	緩慢有落差的曲球	變化球	對左打者的決勝球
禮儀	受人信賴	持續力	正面思考	受人支持	讀書	保持與直球相同的姿勢	從好球區跑到壞球區的控球力	想像球的深度

大谷翔平 日本職業棒球運動員

個人品牌結合有形資產的獲利方式

PERSONAL BRAND
MAKES MONEY FORMULA

個人品牌周邊化＋長尾效應

當你學會了系統，當你打造了系統從無形的資產到有形的資產，那麼接下來，你就必須要把你的個人品牌、logo 全部做周邊化。而做周邊化最常做的一些東西，就是馬克杯、滑鼠墊、行動電源，甚至你自己的品牌 T 恤，都是屬於個人隨身物品，且常被看見。

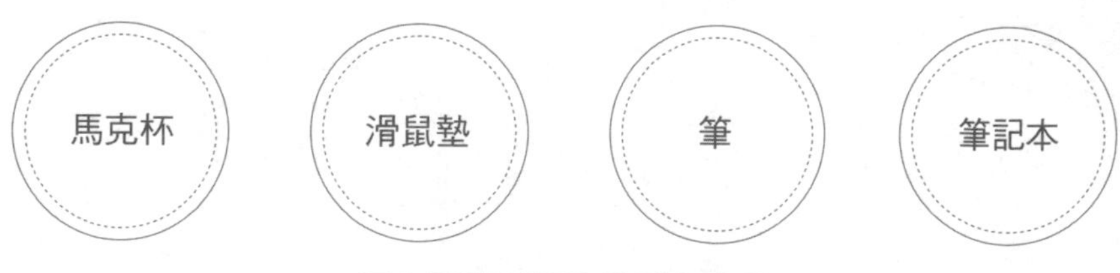

個人品牌周邊化的隨身物品

這邊要跟你特別介紹的是把 logo 做成馬克杯，因為當你在辦公室的時候，你會看到印著 logo 的馬克杯，你的同事、你的朋友會有意無意地看到這個 logo，這個就是一種廣告效應的傳播。

剛開始的時候其實不會有任何效果，但是你知道嗎？這個就是潛移默化的過程。當你同事每次經過你個人座位的時候，他都會看到，而這 logo 就會不斷地在他潛意識裡面留下深刻的印象，到最後，無意間就會記住這個 logo，記住你的形象。

此外，這樣一個 logo 也可以運用在滑鼠墊上面，如果你常常使用滑鼠，這個滑鼠墊就跟你到哪裡。

當你在咖啡廳工作的時候，把滑鼠墊拿出來，別人經過你的座位就會不小心瞄到，而這樣的一個不小心，就能把自己的個人品牌 logo 植入對方的大腦，讓對方的大腦告訴他，這個形象已經不知不覺植入。

為什麼要做這件事情？因為你不知道什麼時候你會透過你自己個人品牌的 logo 接到更大的案子。當你不確定的時候，你就要不斷去生產一些你覺得能見度高且實用的周邊商品為你打廣告，於無形中曝光你的個人品牌形象。

我剛剛有提到馬克杯、滑鼠墊這些東西，可能都是你常用到的東西，除此之外你還可以做筆記本，甚至是保溫瓶，也可以是你自己個人化的杯墊，這些都是屬於事務用品類，屬於便於攜帶的周邊商品，如此善用，能讓自己快速累積品牌價值。

你必須要讓你的廣告範圍擴大之外，還要讓更多人看見你的視覺識別，省下更多的廣告費。這些廣告費省下來之後，你可以做更多的周邊商品，甚至達到所謂的長尾效應。

因為當你朋友看到你在做個人化周邊商品時，他會覺得你很有規劃。其他設計師並沒做的事情，你做了，其他的設計師沒有自己的專屬 logo，而你有！所以他會對你印象深刻。朋友不但對你印象深刻，還對你的周邊商品印象深刻。

不要覺得這樣做沒有意義，因為這麼做的同時，你已經慢慢地潛移默化影響很多人、影響你身邊的朋友，你也已經慢慢的影響著你的客戶。

你甚至可以將一部分的周邊商品送給你的客戶，當作贈品。客戶本身可能有企業品牌 logo，可是他自己本身的個人魅力搞不好已經大過於企業的品牌魅力，所以他看到你周邊商品的時候，自己也會想要設計個人品牌 logo，因為這樣子的關係，另外得到一個曝光的機會。

你刻意把自己個人品牌周邊商品化，不斷擴大你的視覺識別，不斷擴大廣告範圍，不斷讓更多人看見，這個時間或許會很漫長，甚至乏人問津。但是當你開始做的時候，那便是一個非常好的廣告效果起步，這個廣告效果是遠超乎你想像中的大且廣。因為你沒辦法去預估這些廣告效果會傳遞到哪裡去，也有可能傳遞到全球去，甚至有可能傳遞到你根本意想不到的地方。

周邊商品廣告效用

因為做了這件事情，客戶看見了，親朋友好友看見了，就會幫你傳遞。你可能還會很驚艷怎麼突然接到國際的案子。

只可惜，有一些設計師不會做這件事情，只會埋頭幫客戶設計 logo，並沒有幫自己設計 logo，也沒有幫自己做周邊產品的規劃。他們永遠在幫別人做事，永遠有忙不完的案子，永遠都有理由和藉口說自己很忙，而沒有打造自己個人品牌 logo，沒有打造自己個人品牌系統。也沒有教育客戶，就拼命接案子，沒日沒夜地工作，然後搞垮自己的身體。

我身邊就有一個朋友這樣子，拼命滿足客戶的需求，熬夜加班趕案子。客戶風光在前，他努力在後。設計費是拿到了沒錯，但也診斷出肝癌，誰來救命？客戶還是自己？

所以當你做周邊化商品的時候，你可以跟別人合作，可以把別人的個人品牌 logo 放在你的周邊商品上面，增加更大的長尾效應，這樣的長尾效應不單單只是你個人品牌 logo 的魅力，還有別人的個人品牌魅力加乘上去。

所以，你必須要先從做自己的周邊商品開始，那麼，有哪一些周邊商品其實價格並不高。效果卻很好呢？比方說，我剛剛提到的馬克杯，你常常在使用馬克杯，你可以做一款深色的，也可以做一款淺色的。兩款顏色都做也不會花你太多的錢，但是卻有很大的廣告效果。

另外，你可不可以做滑鼠墊？你可不可以做了滑鼠墊之後，把這個滑鼠墊送給客戶？因為這樣可以達到廣告效果。可不可以做自己的 T 恤，在路上穿著自己設計的 T 恤，上面印自己的 logo，就成了行動式的廣告。

可不可以做自己的行動電源印著你的 logo，將行動電源送給親朋好友，甚至他們會覺得非常酷、非常有質感，而常常帶在身邊幫你宣傳。

除了周邊商品化，還要考慮到它的實用性，你可不可以做一張悠遊卡，屬於自己的悠遊卡。放上自己的設計作品送給別人，而達到一個長尾效應，而達到到一個廣告的效果。

所以當你個人品牌做周邊化的時候，也擴大了廣告範圍，不僅僅只是在台灣，有可能在全球，因為你可能曾經去過哪些國家旅行，從國外交的朋友，而這樣的朋友希望可以在你身邊拿到什麼樣的紀念品回去自己的國家。你就順手給了他馬克杯紀念品或者是滑鼠墊。他就很開心地跟他在地的朋友說，這個是我一個台灣朋友送的馬克杯，是一個設計師自己個人化品牌的馬克杯，我覺得很不錯，跟你分享。

所以當國外的朋友這樣說的時候，就是把你的作品傳遞到國外去。剛開始可以不需要做這麼多的周邊商品，你要做的是你會常常使用的周邊商品，而且要是別人能常常看的。包含前文提到的馬克杯、滑鼠墊、悠遊卡。如果你是常常坐飛機的商務人士，你可以做頸枕設計，你可以把 logo 品牌放上去。甚至在空姐經過你身邊的時候，你也可以跟空姐特別介紹一下：「這個是我的個人品牌周邊商品，上面是我的 logo」。如果剛好你身邊坐了一個商務人士，你也可以跟他做介紹，甚至創造話題。

當你使用悠遊卡結帳時，剛好遇到一個老闆，你還可以主動一點，跟他介紹悠遊卡上面的圖案，是不是就有可能促成一個印象深刻的生意。

以上的舉例都是我自己的親身體驗，確實幫我拉了不少意想不到的生意。

可是如果你沒有做這些事情的話，還是一樣接案子，還是一樣在做別人的東西，還是一樣在設計別人的 logo。你並沒有自己的品牌化商品，沒有打造自己個人設計系統、沒有數位資產，在什麼都沒有的情況下，你拿什麼東西跟別人合作？拿什麼東西當作籌碼跟別人談條件？

所以當你沒有東西跟別人合作的時候，對方在評估後，只會覺得你沒有價值，你只是一個接案的設計師，一直在給別人做設計的設計師。聰明的人都會做一件事情，那就是打造自己個人品牌 logo 與形象，增加自己個人品牌的魅力。好萊塢明星不也是這麼做的嗎？那些電影明星在電影上映時先做一些周邊商品跟公仔。電影下片之後，繼續販售周邊商品。最經典的例子莫過於「哈利波特」從小時候開始賣，一直賣到長大。

雖然開公司有可能讓你長長久久，但是當這個 logo 跟你一輩子的時候，你要思考的不是僅僅只有周邊商品影響力，而是要思考怎麼讓這個品牌傳承下去。在你清楚知道這件事情的重要後，你一定要立刻馬上行動，去打造自己個人品牌的 logo 設計，去打造自己個人品牌的周邊商品，然後創造廣告效應。

你可不可以做自己的背包設計，可不可以做滑板設計，可不可以將個人品牌 logo 做成貼紙貼在自己的車子上面。這些都是行動廣告的一種長尾效應，能為你節省不少廣告成本。像籃球明星「麥克．喬丹」擁有自己的球鞋品牌，擁有自己的個人品形象，擁有自己的周邊商品販售。

而這些形象是別人無法取代的，個人形象強大到會讓人搶著跟他合作。所以當你做到這件事情的時候，你不用擔心沒有生意，因為你就是一個最棒、最經典的例子。當你是一個最棒的經典例子時，你就可以把這個方法傳遞給別人，讓他和你一樣做到個人品牌化。當然他也要製作個人品牌 logo，讓他在擁有個人品牌 logo 後願意跟你合作，甚至還幫你帶生意進來，你不需要再花任何廣告費，生意自然就會找上門。

你不只省下更多的廣告費，還能直接得到客戶的親睞，直接讓客戶慕名而來想要跟你做生意，甚至在你做大之後，有自己的筆記本，有自己的 APP，你有自己的形象公仔，而這些東西都可以大大強化你的形象，增加你的魅力。

當你做完這件事情的時候，那麼你就必須要思考更多的廣告效應，如何讓它繼續發酵，讓別人願意繼續追隨你。所以這些周邊商品不僅僅幫助你做完廣告，還幫你拉近與客戶之間的距離，如果你每一次在製作周邊商品時，一次做得比一次好的話，客戶會對你加分，產生更好的印象，甚至他可能直接幫你做引薦。

客戶會這麼說：「你看這一支筆，上面印的 logo 是一名設計師的 logo，這 logo 設計我覺得很棒，想與你分享一下他的故事，你聽聽看。」是不是就免費幫你做了一次廣告。如果客戶出國洽公剛好也帶了這支筆，又正好坐頭等艙，又順手拿這支筆在寫字、簽名，那麼這個廣告效應跟引薦的機會將是無可限量！！

個人品牌周邊化，是一個無法預知的廣告奇效，只要你開始執行後，不用太久你就會嚐到甜頭。

17 Facebook個人粉絲團累積數位資產

當你決定要開設個人粉絲團時，代表你對於自己的品牌願意負起該負的責任。我說的不是企業的品牌粉絲團，而是屬於你個人的。當你決定做這件事情時，你必須對大眾宣告，因為你想要負責任，因為你要認真做好這件事情。

在經營個人粉絲團時，你要定位好自己。比方說，你的個性偏向哪一種？服務項目是什麼？你喜歡什麼東西？你喜歡做什麼樣的運動？還有你的特別之處在哪？想在粉絲團裡分享哪些資訊？可以幫助大家獲得什麼……等等。

這樣的個人粉絲團，是屬於你個人風格的，而非企業。你要清楚知道，這就是屬於你自己的風格。例如，我是一位品牌設計師，我分享的就是一些時事的文章、國際品牌的案例，還有一些生活感性故事。這些都是我喜歡、我愛的，所以相對分享起來不會有負擔。

我會 po 一些我自己生活環境的照片，原因很簡單，那就是設計師在激發靈感的時候，也許真的需要一個很好的生活環境跟一個舒服的生活環境。我就以這樣的 po 文方式經營個人粉絲團。當然我也會 po 一些合作成功的案例，我也會分享一些實戰的經驗，我還會分享一些別人成功的案例以及一些商業模式，讓粉絲團不會太單一無聊。

為什麼要做這件事情？不麻煩嗎？因為我不但要擴大自己的知名度，要增加自己的價值，還要讓別人看見其實我持續在做這件事情。因為自律的關係，早起的關係，我想讓更多人看見，設計師不一樣的生活方式。

在大眾眼裡，設計師可能都是晚睡、晚起。而我，想要顛覆這個慣性！！設計師是可以早睡早起，甚至用更少的時間完成設計專案。以這樣顛覆傳統的方式在經營自己，那就是拉出了差距。同樣的，我也幫自己設計個人 logo，直接在我粉絲團替我自己加分。

一位品牌設計師，有早睡早起的習慣，還有運動以及寫文章的習慣，我相信這樣的設計師在客戶眼裡，是很少見的存在。而這樣的習慣造就了獨特風格的我，絕對不會有人跟我一樣。

因為我就是我，而這些獨特的我是別人無法取代的。粉絲團日積月累下來的資料，都是屬於數位資產的一部分。是我慢慢一點一滴累積出來的，沒有人一開始就有辦法做很多的事情，都是慢慢累積出來的。

像我每天至少會寫一篇文章，每三天至少會錄一段影片，而從今年的一月開始，一支影片、兩支影片、三支影片、四支影片，累積到近期才擁有十支影片，而新的文章也累積了十幾篇。

這條路會非常漫長、非常艱辛，因為沒有人會管你，也沒有人會要求你一定要做到，只能單憑自己的毅力撐下去。但當我回頭看看時，擁有這些數位資產後，我發現在口語表達、文章撰寫、設計理念方面都有明顯的進步，還接到了非常多的案子，甚至引薦的案子也變多了。

很多人看到我的改變後，開始想要跟進，追隨我這樣做，因為有他們的跟進，所以我必須更自律。

影片、文章都是屬於數位資產的一部分，很多時候，網路上的陌生消費者就是看這個，他想要認識、知道你，就是從你個人粉絲團開始。當你把個人粉絲團介紹得很清楚、很完整時，在他還沒有接觸你之前就已經開始先信任你，因為你有數位資產、豐富文章、豐富影片。

他知道你對他是有幫助的，他知道這些文章是對他有幫助的。所以他會指名想要找你做生意、想跟你合作，這個就是累積數位資產的好處。

所以我以「品牌設計師」這個職稱開始經營，我以這樣的歷程走出來之後，不但變成了設計師的老師，成了講師，還變成了大學講師，不定期被邀約去演講、去教學，分享一些業界的成功案例，這讓我更加需要謹慎跟小心，同時也幫助自己怎麼去濃縮自己的經驗變成教材，而這些教材，有些也是我平常的影片跟文章做出來的簡報，是實實在在可以幫助學生學習的實戰教材。

我把遇到的問題全部寫成文章，變成數位資產，我也把一些經歷設計成課程，製作成數位資產，客戶看見了很喜歡，他們就邀請我去公司演講，讓我的知名度大增。正向循環之下轉介紹變多了，讓我意外得到一些案子。

另外，因為你的一舉一動都是被公開的，很多時候你不小心得罪別人還不知道。所以經營個人粉絲團時，你要特別小心，因為你的每一則 po 文，大家都在看。

你不只要累積自己的數位資產，還要用心經營自己的粉絲團。因為這些社群平台通通都會幫你記錄下來。你的一舉一動 Facebook 都會幫你記錄下來，甚至幾年之後，它還會幫你做回顧，讓你每個階段軌跡都很清楚。

FB 會幫你找出按讚數最多的文章，讓你知道，原來這篇文章是最多人看的（大數據分析），幫你建立更多的自信，讓你有信心繼續經營粉絲團（社群媒體常用的黏著度策略）。

所以建立個人粉絲團的好處是什麼？幫助你記錄生活，幫助你記錄成長過程，甚至讓別人願意跟隨你，有一個正當管道可以跟隨你，這些人同時也會是你的數位資產，粉絲越多的時候，數位資產的價值就會越大。

粉絲團的作用

文章數越多的時候，你的數位資產就越有價值，那你可不可以把數位資產轉換成一本電子書；你可不可以把這些文章變成一本實體書？完全可以！！看你怎麼去運用，看你怎麼去操作，這些都是你將來可能會遇到的問題，在這裡我想先提醒你不要忘記，也要持續去做這件事情。

也許你會覺得時間太早了……我只是一名大學生，我只是一個普通設計師，我只是個剛出社會的上班族，這些事情對我來說都太早了，不需要提早準備。

其實不然，如果你在這個時間點開始經營，十年之後你自己回頭看看這些事情，到底幫助你帶來多少的生意，你會非常驚訝你做的努力讓你的未來越來越輕鬆。

而這些數位資產，到底幫你改變了多少？你自己一定非常清楚。不論你多累，不論多辛苦，你每一天都會堅持在粉絲團 po 文，這是成功的第一步。所以你可以像我一樣，每天早上六點起床，進修自己，閱讀文章，累積數位資產，po 文在

Facebook 個人粉絲團裡面，持續好幾年，讓自己越來越有價值。

你是要對自己交代，不是對別人交代。你要對自己生活負責，不是對別人負責。你生活的點點滴滴之後回顧起來都會看得一清二楚，你生活的每一個步驟，將來 Facebook 都會自動幫你做回顧，所以不用擔心這個記錄會消失。

這些數位資產都會一輩子跟著你，甚至幫你做傳承，你還可以分享給別人，而你的合作機會也會逐漸擴大。因為我自己就是這樣子運作，我已經有這樣的成功案例出現，客戶直接看過我的粉絲團，直接找我合作。

而且你還可以分享給別人，一起管理粉絲團，分擔你一些管理的時間，讓你不用這麼累。說到這裡，你現在就可以創建粉絲團，取一個自己喜歡的名字，你可以跟我一樣取一個能朗朗上口的名字，「我是設計傑克森」，這樣朗朗上口的名字讓大家很好搜尋，也容易記憶。所以當我去學校演講的時候，我就會把這個粉絲團名稱（我是設計傑克森）分享給台下的學生知道，讓他們有機會跟著我一起成長與進步。

讓他們有機會可以看到我不斷地在成長跟精進，有機會可以看到一位老師，從平面設計師到品牌設計師到講師的整個過程，他們可以了解得一清二楚，同時也可以學習進步，讓他們進而建立自己的數位資產。

當你看到這裡時，就要馬上去行動！！創建自己個人粉絲團。你可以聽聽別人的建議，拖一天是一天，或是堅持下來，累積不可撼動的數位資產。

這些數位資產都會一輩子跟著你，也幫助你未來接案子更加順利 !! 甚至未來回頭看看自己努力的過程，會覺得非常欣慰。所以經營個人粉絲團相當重要，粉絲團就是創建自己的思維、文化、形象的一個空間平台，讓人們可以透過網路認識你，對你產生一定程度的信任感，你在紛絲團的一舉一動，都會左右潛在客戶的思維，決定要不要跟你做生意。

所以我們千萬不要忽略粉絲團的重要性，也要好好善用新科技的系統，來幫助自己的事業。同時在每次 po 文的時候都打上日期跟標題還有標籤，讓別人更加容易搜尋你，快速與你接觸。

18 持續生產數位資產的秘密

你可能跟我一樣，曾經在決定要做一件事情的時候，中途沒有辦法持續做下去，我也曾經遇過這樣的狀況，而我是如何去解決的呢？方法很簡單，第一個就是，找你身邊的朋友一起做這件事情，你可以把目標寫下來，跟朋友一起討論，互相激勵，當朋友看到你在做的時候，他就會想要跟著你一起做。這種良性競爭，會讓你的數位資產發展得更快，這就是持續累積數位資產的方式之一。

第二個是什麼？幫自己規劃一個短期的目標，何謂短期目標？有時候我們會先規劃一年的目標，而一年目標實在是太久了。我們可不可以規劃一週的目標，為什麼要規劃一週的目標？因為當我們規劃一週的目標，達成的時候會有些許的成就感，雖然只是小小的成就感，但是因為你有達成目標，你就會持續地去做這件事情。如果你能達到一個禮拜的成就，就嘗試達到兩個禮拜，如果可以持續達到，就試試達成三週，三週可以達成，就進階到達成四週，這樣累積四次，就完成了一個月的目標。

當你累積一個月的目標，你可不可以累積三個月的目標，達成十二次。當你達成十二次時，你可以給自己一些獎勵，買一些自己喜歡的東西，或是安排一次小旅行。但在之前，你必須要先設定好自己想要的東西，去哪裡旅行，去執行你要達成的目標。很多人都會說等我賺錢之後再規劃要什麼東西，那樣奮鬥的動力會下降許多，因為你不知道你是為了什麼事情而努力。

而數位資產的生產，遠比其他實體的事情，比方說瘦身、考試、賣產品更來得簡單一點。

那怎麼持續性地生產一些數位資產呢？你必須要把這件事情跟大眾講你即將要做這件事情，也就是所謂的宣告動作。當你做了宣告動作，你就不得不做這件事情。當別人知道你正在進行中的時候，他們就會不斷提醒你，時不時地問你一下，你之前說的那件事情做的如何了？你還有在做嗎？你怎麼沒有在做什麼，是什麼事情讓你停下來了？用身邊大眾的力量提醒你不斷前進。

大眾的力量會持續地督促你，持續地告知你說你一定要完成這件事情，因為你承諾的是誰？你承諾的是大眾，你承諾到時候你一定要完成這件事情，比方說最常做這件事情是誰呢？那就是藝人，藝人常常透過一些媒體跟社群來宣告自己即將要做什麼事情。像是拍偶像劇、瘦身、拿下金鐘獎等等。那些明星常常會說，我的身材可能還不到拍片的要求，我應該怎麼做？所以我決定了，我一定要在這三個月內瘦五公斤，增加肌肉，大家一起跟我努力吧！

很多藝人透過這樣的方式把自己瘦下來，很多明星在做這樣子的宣告後，他的粉絲團會不斷地鼓勵他，你要堅持下去，你一定可以做得到！你要拍出一部屬於自己的電影，你要當男主角！你要當女主角！所以你一定要瘦下來，你一定要白回來！你才有機會去當主角。

這樣宣告的方式，力量非常強。

那什麼事情會影響生產數位資產呢？我以前是住在一個人口眾多、生活機能非常方便的地方。下樓就看得到 7-11 超商，買吃的東西也非常方便，然而這樣生活機能方便的住所，有一個最大的缺點，就是三更半夜沒辦法很清靜，不論是汽車的聲音，還是小孩的哭聲，這些聲音都會在半夜裡面出現，吵得讓人沒有辦法集中精神去產出自己的數位資產。

那要如何才能讓自己專心下來呢？就是換一個環境。

後來我搬到一個山上的環境，幾乎沒什麼店家可以讓我買東西。深山裡面只有蟲鳴鳥叫聲，沒有其他的人會干擾，更不會有什麼車聲。唯一聽到的就是一些蟲蟬的聲音、鳥叫的聲音，完全沒有其他的聲音干擾。這個就是換個環境，可以讓我持續生產一些數位資產的做法。

這樣的方法，其實大家都知道，稱不上什麼秘密，但是為什麼還是有人做不到呢？因為我們的心念沒有轉，沒有去堅持完成這件事情。一定要有一個契機，受傷了！碰壁了！才會讓不斷地去生產數位資產，發現它的重要性。

契機也許是一個很大的衝擊，比方說，你可能必須要在四十五天內完成一件事情，如果沒有完成的話，你將會失去什麼。這就是一個承諾性衝擊。不論發生任何事情，大家都在等著看你做這件事情。

當你的心念正確，心情穩定下來後，那麼你就可以持續地去生產數位資產，這個秘密你可以持續分享給別人知道，如果你身邊的人不知道的話，只有你自己在默默執行，那麼能讓你持續的動力就會下降許多，甚至到最後選擇放棄。

剛開始你會非常熱情，會很興奮地想趕快完成這件事情，而後來執行到一半，你會因為辛苦，開始會怠惰，會對自己說：反正我還有時間，我明天再來做數位資產，因為你覺得反正都還有明天，就鬆懈了，最後躺著滑手機、追劇、留言、笑笑就過了，完全忘記這件事情。

記住！每一天都要做簡單的生產動作，不論你是寫文章，寫日記，不論你是錄製一段一分鐘的影片，那都是屬於你自己的數位資產，對未來的你都很重要，甚至可以幫助你找到更多理想中的生意。

如果你也跟我一樣，每天堅持做一點，一直到現在累積了至少超過五十到八十支影片，大家都注意到我的堅持，生意就跟著來了。那麼，我就可以挑我想要的客戶，可以挑選我理想中的客戶，因為我有我的數位資產做靠山。

為什麼我可以這樣持續性地去做這件事，因為我看見別人做這件事情成功了，就萌生了想要試試看的心態，或許我也可以做這件事情並且成功，於是我傻傻地就去做了，我花了六個月的時間在做數位資產。別人看不懂我在做什麼，他們不解地問：你只是設計師，為什麼要把自己搞得這麼累？下班為什麼不好好休息？不好好睡覺？一定要把自己弄得那麼忙？

我沒有回答他，我只是默默地在做，因為我知道眼見為憑，剛開始朋友可能都覺得沒什麼、不以為然。可是當我累積到五十支或者是八十支影片的時候，那樣的說服力跟力道，是會讓人非常驚訝且羨慕。這個就是我為什麼要累積數位資產，因為我想讓大家看見我的成就。

因為大家會給我掌聲、會給我舞台（這也是我累積數位資產的秘密），我累積數位資產的最終夢想，是想要分享給許多想了解設計的人知道，其實設計並沒有那麼複雜，讓他們明白原來設計是有一些步驟跟方法，可以更快速打動消費者的內心，讓客戶快速買單。

所以當你有了生產數位資產的動機時，就要開始規劃你的里程碑，規劃好後，就一步一腳印地去執行，在你閒暇之餘用心去生產你的數位資產，因為你已經清楚知道你的未來會走到哪裡？你的成就會在哪裡？這個也是你堅持下來的秘密，知道自己的事業藍圖跟生活藍圖，你會讓自己不斷進步，因為你知道終點就在那裡等你，而且你知道當你做了哪些事情之後，很快就會達到終點。

因為你在做這些事情時，會有你的親朋好友、夥伴看著你，讓你不敢怠惰，而別人看到你在努力，自己也會跟著積極起來，你的堅持不懈會讓他們感到吃驚跟感動。雖然很多時候並不是我們不努力，而是我們沒有持續，才會讓自己一事無成。如果我們持續了，根本就不用期待別人的肯定與認同。我們只需要讓自己肯定與認同就好了。

這是因為我們清楚知道，這件事情帶給我們的影響力到底有多大，甚至很多人會因為你生產了這些數位資產，慕名來找你。因為你的一些步驟跟方法還有系統，對他們生意的擴展有很大的幫助。就像有一次我 po 文，只是簡單的心情分享，就讓生活沮喪的朋友有了鼓舞，他還特地私訊問我，可以不可以分享這段話，讓我信心大增。

自己設定里程碑，這個也是累積數位資產的秘密。里程碑就像我們跑步一樣，每到一個終點，就有不同的美景等著我們，到達其中一個終點的剎那，整個心情就會豁然開朗。設定每個點的里程碑，可以讓你在達成的同時得到間接性的滿足感。

比方說我自己，我開始設定里程碑的階段：我想在一個星期內看完 10 個國外網站設計、兩個星期看完一本書、三個星期試著接到兩個設計專案、四個星期分享網站、讀書心得給客戶等等。這樣就完成階段性的滿足感，讓自己持續進步，持續做這件事情，會從中獲得強大的信心。

這也是能幫助你堅持下來的方法，如果你正在累積數位資產，請你持續做這件事情。當你做到某個定量的時候，比方說一百支影片，你將會發現，你的眼界會變寬、口條會變好，甚至你的企劃能力、寫作能力都會變好。

因為你不斷地在訓練自己做各方面的技能，心智、口條、表情管理、知識提升，這些都是你在鍛鍊自己。當你認真去做這件事情，從剛開始的刻意執行到後面的順其自然，最後會欲罷不能，而你會深深愛上你現在正在做的事。

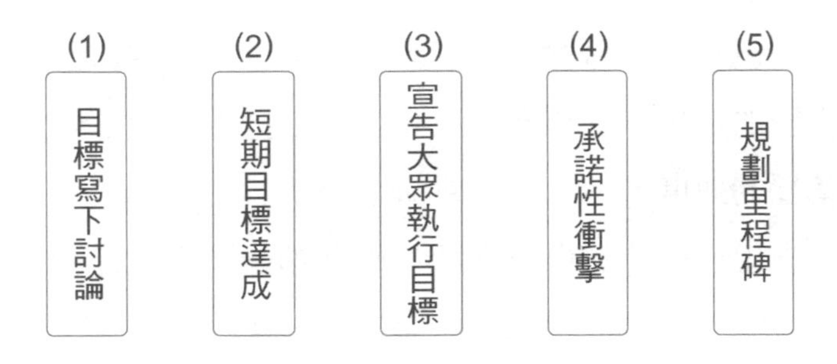

打造數位資產的秘密

19 個人品牌轉換成資訊型產品

個人品牌在經營的時候，是可以被轉換成資訊，怎麼做？

利用網路媒體的力量，你就可以讓個人品牌不斷傳遞，甚至有些人會使用個人品牌的魅力來提升業績。如何去做？就像「徐薇英文」一樣，這就是個人的品牌形象以及個人魅力展現，把自己變成一個產品，以產品的形式傳遞出去，甚至發揮影響力，影響更多人跟隨她，因為這樣子，她就像是把自己賣出去，把自己變成一個數位資產，推銷自己、推薦自己。把所有關於自己的形象，都周邊商品化，甚至把教學全部變成影片，增加傳播的速度。

比方說最簡單的自我介紹，她就拍個影片做自我介紹——我是「徐薇」，專門在教英文，我上過一些媒體、節目、雜誌，這些全部都是我的經歷，如果你覺得我不錯的話，歡迎跟我合作。她把自己變成一個商品，放在網路、媒體上販售，如果你有個人品牌的話，你就可以轉換成資訊產品，資訊產品可以讓傳播的速度更快。

再舉另外一個例子，總統大選即將到來時，候選人就要不斷地包裝自己，宣傳自己，要民眾相信他們的政見。而這些想要選舉總統的候選人們，就要積極提升自己的個人品牌價值，讓民眾認可，願意買單，投他一票。繼而讓民眾願意相信他、對他有信任感。因為這名候選人會不斷地出現在你面前、或是網路裡面，甚至在媒體面前，不斷曝光自己，不斷去宣揚自己的一些政策跟理念，看久了之後，你在潛移默化中就會相信他，對他產生好感，甚至可能會覺得說，好像投他一票也還不錯的心理作用。所以這些候選人就是把自己包裝起來賣出去，賣的是什麼？賣的就是自己的價值，賣的就是自己的願景。賣的就是自己的人像，賣的就是自己的想法。

所以可不可以把自己個人品牌轉換成資訊型產品，繼而推廣自己的個人形象、個人數位資產。

那我們要如何做，把這些資訊型產品做有效的運用呢？

★第一個：建立個人粉絲團。

★第二個：拍一系列的形象專業照。

★第三個：週期性的 po 文。

★第四個：不斷認識一些有價值的新朋友。

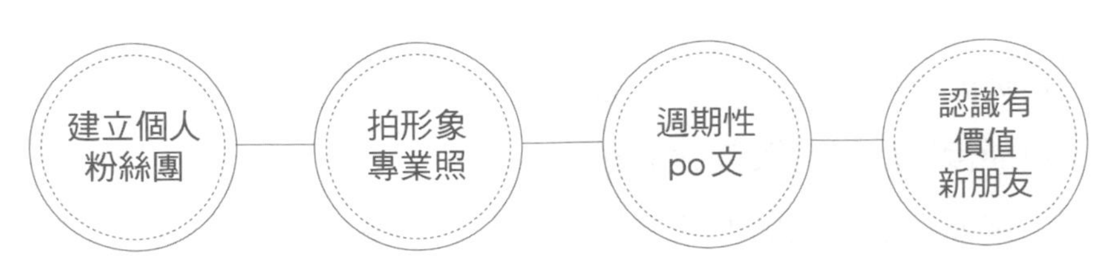

資訊產品有效運用

這些做法，就是不斷累積你的個人品牌跟數位型資產。當你每一次跟別人接觸時，每一次 po 文時，你可以將它製作成數位資產（文字跟影像都是屬於數位型資產的一種）。影片的部分你就可以做成自我介紹。這些自我介紹跟 po 文全部都是你的資訊型產品，你的品牌價值與個人魅力，加上視覺設計以及一些影片介紹，透過包裝就能變成一個非常棒的資訊型產品。

你可以在鏡頭前教學，在鏡頭面前說明，你是如何達成現在這樣，變成一個有價值的人。所以當你在經營個人品牌時，你就要意識到，你的一舉一動都會影響大眾，你的一言一行都可能影響整個社會的脈動。

這點相當重要，如果你的地位越高，那麼你的一舉一動就會越常被大眾看見，甚至民眾都會把你放大來檢視，也就是說你的想法會牽動很多人的想法。當你在經營個人品牌的時候，你就要相當小心，因為這整個過程不是只有你在經營，是整個團隊在幫你經營，每個細節策略和脈絡你都要掌握。

當你擁有自己的團隊的時候，你就要更加小心這件事情，如果你沒有很正確的、很明白地把你的想法、願景、目標、傳遞給你的團隊的話，那麼你的個人品牌可能就會慢慢消失，甚至可能慢慢地走向毀滅等不好的印象。

當你有了自己個人品牌魅力時，一定要找一些認同你個人品牌魅力的人和夥伴來幫助你推廣個人品牌，把它轉換成有形的資訊型產品，累積更多影響力，甚至增加生意的往來。

因為將來你一定會有自己的個人品牌，將來你的品牌一定會擴大，一定需要人手，而這些擴大一定需要很多人來幫助你推廣個人品牌。他們願意幫你推廣，原因很簡單，因為你有影響力，因為你有改變社會的力量，所以他們願意跟隨你。他們希望可以透過影片了解你，接觸你，甚至幫你工作，因為他們知道在你身邊工作可以學到很多東西。

經營個人品牌的時候，你就要好好思考，如何把你個人品牌的一些運作系統傳承下去，讓後進可以快速了解你在做些什麼事情。你可以選擇文字類或是圖片類、影片類。這些都是資訊型產品，這些你都可以傳承下去，讓往後的人能了解你之前做過什麼事情。

所以個人品牌轉換成資訊型產品就是分成這三類，甚至這三種類型你可以不斷地重複組合或是排列。可以是：文字搭配影片，圖片搭配文字，文字搭配一些圖片，不斷切換作組合。這樣的經營方式，不是只有你一個人在做，而是一個大團隊在做，這樣的大團隊是分工合作地去把你的個人品牌經營起來，甚至把它轉換成有效的資訊型產品。這些都是對大眾有意義的、有教育性的、有價值性的，甚至可以轉換成計費型的。而這些全部所有的過程，都是從你一個人開始，逐漸發展至團隊。所以當你做好這件事情的時候，影響力就會跟著不斷上升。

個人品牌的轉換

比方說，國外有一個地獄主廚—Gordon James Ramsay，本來就是米其林餐廳的主廚，因緣際會開始上一些電視節目，其獨特風格是這樣子的，若是比賽廚師的菜色令他不滿意，他就會直接把菜倒進「垃圾桶」裡，並且斥責對方也是「垃圾」。因為這樣的地獄教學方式，直接而不做作，讓很多人對他印象非常深刻，甚至也有人因此對他產生反感。他以這樣的風格為出發點，來塑造個人特色與風格，讓更多人去傳遞他的影片、教學跟說話方式。

後來反而有更多的媒體喜歡他，找他去上節目，找他去分享，還特別為他開了新頻道，反而讓他原本的米其林餐廳聲名大噪，個人品牌急速上升，知名度大幅提升，甚至他所有教學影片也授權給更多媒體使用，賺取更多利潤。

他善用這些媒體傳播的力量，經營個人品牌，把這些節目影片全部變成了資訊型產品。後來他就自己開了一間以他的名字為名的餐廳，於是眾多名人、藝人全都慕名而來。想一想，這名主廚他做對了什麼事？那就是以個人品牌吸引大眾，建立數位資產（節目影片），增加影響力，累積一定粉絲量後再開一間餐廳，所以他根本不用擔心生意會不好。

而這樣的經營方式，很多人會喜歡，因為 Gordon James Ramsay 是以實力取勝，所以敢大聲說話。當所有人開始喜歡他、人氣越來越旺時，他聰明地轉而經營自己個人品牌的餐廳，甚至可以說大部分的人，都是因為他的名氣來這間餐廳用餐。

所以，每次開新的節目時，他就會使用同樣的方式去教那些廚師，甚至分發給這些廚師一些獎項與合作的機會，讓他們有機會到他的餐廳去實習，新生代廚師都爭相想去他開的餐廳實習，因為他們知道，自己個人品牌可以聲名大噪。他這種經營個人品牌的方式，觸動了媒體的好奇心，讓媒體不斷追蹤他的所有動態。

如果你是設計師，請你先檢視你自己有沒有能觸動別人好奇心的獨特魅力？或者是你做事的方式，是否足以讓人非常感興趣地想要與你學習，特別想要跟你合作，那麼，你就可以把你之前的一些影片類的教學分享出去，這個也是屬於資訊型產品的一環。當別人看完你的影片之後，你可不可以把一些步驟流程整理成文章，分享出去，這個當然也是屬於資訊型產品的一環。

所以當你的影片、文字全部準備好的時候，結合你的個人魅力，你就可以轉換成非常有用的資訊型產品。你不需要再花時間去介紹自己，因為你有自我介紹影片，能二十四小時幫你工作。你有文字在幫你做自我介紹，你不需要再花時間取得對方的信任感，你只需要把東西整理好之後，分享給對方，讓對方花時間去消化跟瞭解。他們會有自己的節奏，他們會有自己的時間來了解你到底做了些什麼事情？來瞭解你可以幫助他們做什麼？而這個就是資訊型產品的好用之處。

如果你有在經營個人品牌或是正想經營個人品牌，那麼你就要用心去整理這些作品，讓自己可以越做越輕鬆，讓自己可以越做越不用擔心收入問題，這個就是屬於個人品牌轉換成資訊型產品的一些方法。如果你懂這些方法的話，你還需要多認識一些媒體，跟媒體打好關係、打好交道。因為媒體能幫助你快速擴散個人品牌魅力，甚至他們還會額外幫助你製作資訊型產品，讓你在你的事業上、工作上、生活上都可以加分。

設計課程影片介紹（資訊型產品）
https://lihi1.com/o8nSf

20 讓未來的客戶慕名而來的方法

在你持續累積數位資產的同時，你已經悄悄打開了自己的知名度。而且大家其實都在看你在做什麼，或許有些人正期待著你的作為。只是他們可能基於個人的因素，沒有辦法幫你宣傳，或是沒有辦法幫你按讚，那也沒有關係。因為他們都是你未來的潛在客戶，這也是未來可以幫你做轉介紹的客戶。

曾經有這樣的一個例子，有一個客戶跟我說：「我知道你都在分享一些知識文、一些實用文，我都有在關注你，這些關注的過程裡面，其實我也留意到了你的成長。基於個人因素，我沒有辦法曝光自己的身分，今天想藉這個機會跟你說這件事情，代表我認同你正在做的事情，而且未來我也有一些生意可能會跟你合作，因為我從你開始經營粉絲團就一直在關注你。一直到最近，我看到你的成長，不論是對我或者公司同仁都有很大的幫助，感謝你分享的知識文。」因為這段鼓勵的話，讓我更確定自己是在做正確的事。

在客戶反饋這些建議給我的時候，我深深被打動，因為我以為我在生產一些數位資產的時候是沒有人在看，我以為我的 po 文是沒有什麼人在看，我的影片是沒有人在看的，原來大家其實都有在關注我，只是不方便曝光自己。

從本來的不相信，到後來客戶的回饋，到最後有人願意分享我的一些 po 文跟影片的時候，我才意識到一件事情，那就是原來持續做這件事情需要時間去發酵，需要時間去等待。而這個時間可長可短，不知道要花了多少時間，也不知道要累積多少數位資產，才能達到現在你被關注的一個程度。才能達到現在別人願意分享你的內容，而這整個過程，潛在客戶都在看，因為他們也希望你可以不斷經營自己的粉絲團，讓他們有立場可以向公司報告。

當客戶對你產生好感、喜歡你，甚至認同你，想要和你做生意的同時，他還會幫你做轉介紹，把你在粉絲團上面的文字介紹，也轉發給他們的潛在客戶（因為你已經做好自我介紹跟影片，相對客戶很輕鬆就可以轉發）。

曾經有個例子：由於我平時就在累積自己個人品牌的價值，持續地在生產自己個人品牌的周邊商品。客戶無意中看了，覺得有意思、有興趣，就默默地把我的照片存下來，分享到自己的動態裡，而我在偶然的機會下，我才看到自己的設計作品被分享出去，並且得到好評。

過去有一位客戶，copy 了我的照片，複製我一個周邊商品分享給他的客戶，結果他那位客戶找到我之後，聊到如何找上我的緣由時，我才知道原來這個客戶一直默默地在幫我介紹客戶，原來他其實對我的作品是有好感，因為他認同我的服務，他才願意做這件事情。所以如何讓未來的客戶慕名而來找上你的方法？就是持續生產你的數位資產，並不斷修正你的數位資產。

在這個過程裡，你一定要找一個你非常仰慕且有專業能力的人，跟他互相切磋跟討教。因為這樣你才會進步得快，你生產數位資產的速度才會快，甚至因為你向他討教，協助你修正，跟他切磋，你們還會一起成長。

在這學習跟切磋的過程裡面，這個朋友、這個導師、夥伴可能也會一起幫你做介紹，搞不好他背後的一些客戶就需要你的服務。說不定，到最後他背後的客戶都想要找你做設計。因為你不斷地跟這個朋友建立關係，不斷跟這些夥伴建立關係，夥伴對你有好感、信任感。當他發現身邊的客戶有這樣的需求而你正好可以做到，他就會幫你做轉介紹。

也因為這樣子，我身邊有一些夥伴，他們自己都有一些專業能力，專業技能至少高達十幾年以上。亦師亦友的過程裡面，我們互相學習、互相成長。我們會去比完稿的速度，比一些設計的速度。我會羨慕他某一項專業能力，他也會羨慕我某一樣專業能力，我們彼此欣賞，互求進步。

參與這樣的過程裡面，夥伴的建議能幫我調整作品，朋友意見有益於我調整作品，我的作品就會越做越精緻，越調越細膩、越調越優質。如果客戶也參與整個過程，他就會想要幫你做轉介紹，當朋友跟夥伴參與這個過程，他也會想要幫你做轉介紹，一方面他覺得自己很有面子，一方面他覺得自己做了一件好事。

所以，未來客戶慕名而來的方法，就是找一個導師、一起學習成長的夥伴，能幫助你快速成長，有助於你擴大你的視野，因為別人也是花了十幾年的時間，在自己的專業領域鑽研，而你也是在花了幾十年的時間，在自己的專業上研究深耕。所以身為設計師的你，專業人士的你，是不是必須要找一個一同成長的夥伴跟導師，他可以是你的長輩，可以是你的晚輩，可以是你的平輩，不管對方是誰，只要你有羨慕他、敬佩他的地方，你們都可以一起成長。做出來的東西絕對可以吸引客戶主動來找你。因為這些作品裡面不僅僅只有你的想法，還有你們淬煉出來、共同激盪出來的火花。可想而知，這個作品最後呈現出來的品質就會相當高，相當優質。

現在，先不急著去找你的合作夥伴；或者是急著去找你的事業夥伴，你必須先讓自己沉澱下來，想想到底有哪一些是你怎麼學都學不來的技能，你就應該去找有這方面技能的夥伴，因為你應該專注在自己現有的技能再做延伸，而不是每個技能都想學會。

由於你已經花了十幾年的時間，好不容易把你的專業能力培養起來，你沒必要再花十幾年的時間，去培養另外一種新技能。你只需要去找有類似專業技能的朋友、夥伴，就可以擴大你的生意，擴大你的獲利，提升你的成長速度，加速你事業成長。

要讓客戶指名找上你，你可以藉由朋友圈讓自己的個人品牌擴大，還可以藉由客戶的朋友圈，讓自己個人品牌發酵。當你準備好所有的數位資產的時候，你就要一步一腳印地開始做廣告跟下廣告，讓自己的個人品牌借重你的專業設計能力，好好曝光，有了預期可看見的成果，你才會繼續往前走，在收到客戶的回饋與感謝的時候，你才能繼續往前走。

舉個簡單的例子：當我持續分享一些國外的知識型贈品的時候，有些人會寫信給我說：「其實真的非常謝謝你，去蒐集這些國外設計師作品，也非常感謝你不斷地提供這些國外設計作品，讓我在自己的工作與事業上有所成長……」，聽到這裡，我非常心滿意足。

因為這個就是我要的，這個就是我不斷成長的原動力。我甚至可以把這個案例分享給一些潛在的客戶知道，他們將來也會慕名而來，從這些作品裡面跟客戶解釋：「如果你想要這樣的設計風格，或許你可以參考這個跟這個」。

另外，設計師需要有效的見證。所以，你要不間斷地去做記錄，不斷地將作品分享在社群媒體，讓你的潛在客戶能持續看見你，讓他們在有需求的時候，第一個就能想到你，甚至不由自主地幫你做轉介紹，而他們腦海中第一浮現的好印象，就是你，最後當他們要找設計師時，第一首選就會先找你。

所以，客戶願意慕名而來的方法，是因為你已經慢慢地擴大自己個人品牌的識別度，甚至在任何網路平台都可以看見你的存在。當你做好這件事情的時候，你就不用怕沒有案子，不怕沒有生意，因為到處都能看到你，到處都是你的影子跟作品。到處都可以看到你個人品牌形象。從機場、捷運、大眾運輸工具、甚至一些社群媒體都能看到你，那麼潛在客戶就會不斷慕名而來。

如此一來，當你想要找合作的對象的時候，很容易就能找到人，你期待的成長就更快了，因為你有確實經營好自己的數位資產。你跟你的朋友、夥伴建立關係，甚至你也找到一個非常好的導師，亦師亦友的導師，當你都具備了這些條件時，客戶就會慕名而來，主動找你做生意。

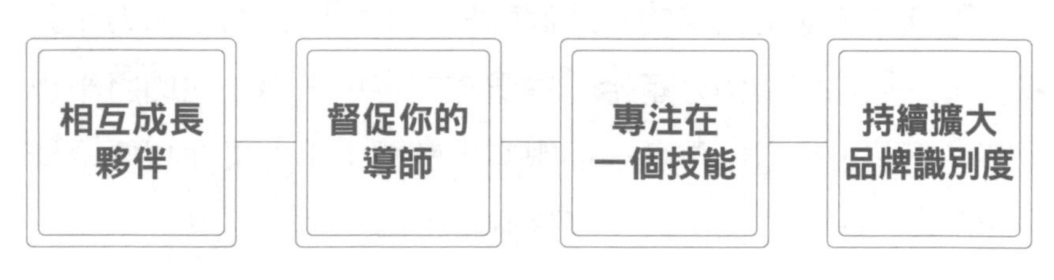

慕名而來的方法

品牌心經術，喚醒個人品牌價值

PERSONAL BRAND
MAKES MONEY FORMULA

21 品牌心經術（品牌六感體驗）

在佛經裡面的《心經》所說的無眼、耳、鼻、舌、身、意，無色、聲、香、味、觸、法，眼耳鼻舌身意指的就是六根，而色聲香味觸法則是六塵，我們與外界的接觸，全靠六根與六塵的接觸，如果六根真的清淨了，也就沒有煩惱了。這是菩薩智慧清明裡面所講的。而人有太多的煩惱，太多紛紛擾擾，所以《心經》裡面所講的，就是希望你可以除六根成佛。

而在「品牌心經術」裡面，則要反其道而行，要喚醒這六根，喚醒這六根的方式是什麼？就要結合你原本的 CIS（企業識別系統），原本的經驗，以及結合你原本的系統，在三個融合之下一起運作。接下來，我會為你詳細說明如何充分發揮。如果充分發揮的話，不但六感體驗可以提升，還能讓六感體驗全部運用在生活裡面，並在各方面得以提升。

當你整個人提升之後，思維提升、想法提升，你就可以不斷提高你的獲利，甚至不斷提高身體的能量。在這個章節會比較複雜一點點，我會一步一步帶著你去做。「心經」逆向操作有什麼好處？影響又是什麼？那就是從原本要丟棄的所有東西，要你拋下所有意念，而在這裡的「品牌心經術」是要你拾回你所有的意念，強化你所有的意念，所有的視覺、聽覺、嗅覺、味覺、觸覺，甚至感覺。

在這個章節裡面，我會舉很多例子，讓你明白何謂「品牌心經術」。

在過去幾個章節裡面，我們都是以外在的壓力、外在的刺激跟外在的經驗，來增加我們自身的專業能力、交涉能力、進修能力。而這個章節裡面，我不但要教你如何喚醒內在力量，而且要用「品牌心經術」讓你的個人品牌可以傳承至五十年甚至到一百年，讓你透過「品牌心經術」的方法傳承下去。

所以這個章節特別重要，要仔細操作，當你明白了這個章節的重要性之後，就不會亂做你的個人品牌，如果你的個人品牌能運用「品牌心經術」去做加乘效應和活用，就可以讓你的品牌傳承更加牢固，而且更加有可信度。

以下舉一個例子，讓你可以更快明白其中的用法。在日本戰國時代，有一個歷史性人物——「德川家康」，這時代的人還不知道什麼是「品牌心經術」，但是他在戰國時代其實已經不知不覺中打造自己的個人品牌，甚至還建立自己的家紋圖騰。

德川家康

他不但建立自己的家紋，還建立家訓跟傳承故事。他做的就是「意念的傳承」，傳承自己一個歷史跟故事，以及傳承自己的品牌形象。他最強的就是把品牌心經術裡面的「品牌信仰」讓自身的形象變成個人品牌，發揚光大，讓後世很多人願意追隨他，歌頌他。德川家康把所有的六個體驗加上視覺設計，用在自己的軍隊跟紀律上面，不論是在服裝、旗幟、武器、建物、卷宗、收藏、頭盔、兵器等等，都可以看得到德川家康家紋的圖案。

加上自己輝煌的成績，如此價值堆疊上去，使得後世的人對於他的收藏跟名字，顯得特別的珍惜與器重。

所有日本人都在傳頌他的故事，取經他的作法，運用他的方法在管理企業。因為德川家康建構了這件事情（品牌信仰），一直到現在，至少一、兩百年的時間，大家都還記得他。

而他又將自己的品牌形象，在日本戰國時代有效地建立起來，傳遞自己的理念、故事、做法給後世的人，以及用心記錄所有發生的經過，讓後世的人可以學習他的經營方式。所以品牌心經術做到最後的核心便是「品牌信仰」，如果，你對於品牌有一種崇拜的感覺，這就是接近信仰的階段。

當你把這個六感體驗全部提煉出來，全部喚醒之後，加上你的 CIS 系統，你就可以完完全全將你個人品牌精神傳承下去，淬煉出一種「品牌信仰」。

在這個章節裡面，我不但要教你怎麼去運作這個品牌心經術，我還會一步步帶你建立個人品牌。一直到很深入的方式來喚醒你個人品牌價值。這個過程其實不容易，因為這需要很長的時間去醞釀，很長時間去讓自己發現，其實……你除了外在刺激之外，你自己內在還會發光發熱，而內在發光發熱的力量不是別人給你的，而是你發掘的，你每一次透過這六感體驗的每一感體驗做練習，當你練習完，你會發現每一個感官提煉出來都會有所感悟，每一個感官訓練出來的時候，都是一種成長的過程。

到整體整個能量爆發出來之後，你做事的速度會變得相當快，你個人魅力會增加，再來就是別人看你的感覺會完全不同！！你的能量也會提升，甚至別人會主動來跟你做朋友，會很喜歡與你談話。你會影響很多很多的人，那就是品牌心經術裡面的「品牌信仰」，讓別人不自覺地對你產生「崇拜」的感覺。

那麼，《心經》講的到底是什麼？《心經》講的就是希望所有人到最後六根清淨都可以成佛，我們需要用到《心經》裡面的六根清淨，來做逆向思維，讓你可以透過這本書裡面的方法來喚醒六根，也就是所謂的眼（視覺）、耳（聽覺）、鼻（嗅覺）、舌（味覺）、身（觸覺）、意（感覺）。

喚醒六根之後，敏銳度會提升，個人品牌魅力也會增加，甚至之後也能增加你的個人獲利。明白了這個關鍵之後，我們就開始運作，我會一步一步解說給你看，我也會舉很多例子，讓你可以從內容裡面去了解「品牌心經術」的運作。

再舉一個例子。日本神社在早期戰國時代，他們只是建一個小小神社，讓所有人心靈得以得到寄託。所有人寄託的是什麼？他們寄託的是他們對於現實壓力的恐懼與不安，每個人都希望可以過一個平安、健康的日子，所以他們會把一些動物石像或者是一個信物，放在一個小小建築物裡面，然後去膜拜、供養，把信念與希望全部寄託在這個動物石像跟物品上面。

為什麼他們要這麼做？他們希望自己的想法可以放在裡面，甚至自己的想法可以直接影響後面更多更多的人，所以一個、兩個、三個、四個去影響更多更多的人，一個接著一個去祭拜這個所謂的動物石像跟物品，讓其變得非常有靈性跟力量，跟著整個形象信仰建立起來，甚至形成品牌故事跟傳說。

品牌心經術的一個操作方式，就是給予意念和想法，甚至是將自身的意念跟想法，加諸在物品以及加諸在動物石像身上，賦予其品牌故事。比方說：「聽說這個狐狸石像，據說是之前守護村子的狐狸，讓這個村子得以百年不受外界干擾，所以這個村子的人特別立一個狐狸石像在這裡表示尊敬。」不管傳說是真是假，他們都會用自己的意念給這個石像部分的精神能量並表示敬意。日本戰國時代裡，充斥著太多不安與不確定性，所以人們都希望可以做點什麼事情讓自己有能力對抗災難。在這個壓力下成長就特別快速，能量的爆發也就相當快。能量爆發之後，他們對於環境的壓力，對於環境的壓迫就非常敏銳，任何的風吹草動，他們都會有感覺。而這種感覺沒有地方可以寄託的時候，他們就會把所有的希望加注在動物石像或者是物品上面，讓這個凝聚出來的力量得以抒發。

這個就是品牌心經術另外一個比較經典的例子，那麼，你到底可不可以做到這件事情呢？

其實是可以的，那要如何去運作呢？就是我們把自身的力量喚醒之後，把自身的六感體驗喚醒之後，把這個方法教給別人，讓別人也同樣擁有這樣的力量。這樣你的個人品牌以及名字，在經過長達五十到一百年後，還是會有人記住你做過什麼事情，還會有人知道你叫什麼名字，甚至知道你長什麼樣子。

當你運作品牌心經術的時候，你就會發現原來很多人也都在使用，只是他們不知道這個方法真正的名字叫什麼——就是品牌心經術——品牌結合心經，要使用逆向操作的方式來運作品牌，喚醒內在力量。

這個就是品牌心經術的簡單說明，在接下來的幾個章節裡面，我將分享何謂品牌心經術的運用與體驗，其運作的方式又是什麼？讓你可以在短時間內喚醒自己的每一個感覺體驗，提升自己自身的能量，評估自己的練習方式跟運作的速度，決定提升的速度。

22 眼——視覺識別（CIS）

人類的大腦在接收新的知識，百分之八十都是透過眼球來接收獲得，所以我們必須要非常重視視覺這塊的開啟與運用。

為什麼要重視視覺，因為當你接收訊息之後，大腦就會開始反應，開始思考這些訊息要怎麼去消化與分類，甚至會到潛意識裡面幫你做儲存。

以我自己來說，我是一位品牌設計師，我在過去好幾年，每天至少都會看 10 件國外設計作品，一年後就能累積 3650 件，而 14 年之後就有 51100 件，這是大約粗估的算法。這 51100 件會在大腦潛意識裡面儲存起來，形成一個影像資料庫。在每一次客戶向我說明需求時，我就會在大腦裡面篩出一些影像資料來解說給客戶聽，甚至現場畫草圖給客戶看，讓他明白我聽懂他的意思。

因為我每天都做這樣的練習，每天都會觀摩國外的設計作品，讓大腦不斷吸收，所以我的影像儲存動作就持續增加，讓更多的影像儲存在我大腦裡面，以備不時之需。

為什麼要做這樣的練習？因為如果我沒有持續刺激我的大腦運作的話，大腦只會在那邊空轉，神經元自然不會產生電力連結其他神經元，進而增加創意。你必須透過外在的刺激，跟內在的大腦消化，把兩者融合在一起，讓大腦潛意識在睡眠的時候好好消化，進而幫助你在工作時，大腦可以突然閃過一個個靈感。而且眼睛看到的東西，都會幫你儲存在你的大腦深處，適時地在你需要的時候，給你一個助力。

所以每一次我看到新的東西，就會特別興奮，大腦會自動把它儲存在我的影像資料庫裡面。

對設計來說，視覺是非常重要的一部分。而且每一次做設計的時候，我會非常專注地觀察每一件作品，去分析、去感受。因為每一件作品對我的影響力，不僅僅只限於視覺，還會影響我的情緒。通常通過視覺的觀看，也會觸動情緒的起伏變化。

有時候我會覺得很憤怒，因為我沒有辦法創作出更好的設計，沒有靈感時，我會先站起來，讓身體動一動，讓自己先離開原本的位置，先轉換一個環境，轉換一個心情，讓自己從本來靜態的運動（腦部運動），變成一個動態的運動（走路運動）。因為動的時候，身體才會有能量，所以往深的一個層面去思考，就是我們「心經」裡面所說的，也就是「眼」的部分（視覺）不僅僅只是在你外在看到的事物，還有你的內心，看見什麼？感受到什麼？進而提煉出濃度更高的創意思考。

你可以每天跟我做同樣的練習，每天都去觀看自己這一天下來所發生的事情，最好是開心的事情。為什麼要設定開心的事情？因為當你花時間去「回想」開心的事情，你的腦袋、你的活力才會再次被點燃，再次愉悅起來。

當你愉悅起來時，你就更有動力去做你想做的事情，就更想要去做你想完成的事情。所以觀看自己的內心很重要，看到自己內心真正的需求，你可以做以下簡單的練習：

找一個安靜的環境，蟲鳴鳥叫的地方，閉上眼睛，用雙手將手掌搓熱之後，手掌輕輕放在你的眼皮上。你會感覺熱力穿透眼皮，覺得眼球熱熱的，再把雙手放下來，靜靜地深呼吸，再吐氣，深呼吸再吐氣，慢慢體會，你會從本來的有意識狀態，慢慢達到無意識的狀態。

你會看到一些光線，在你眼皮之下跑來跑去，或者是有一些影像，是你從來沒有看過的，這都是你大腦一些意識的影響，而這些影像正在做什麼事情，它們正在幫你做篩選，正在你大腦裡面運作，但你不要忽略這樣的感覺，也不要忽略這樣的存在，因為這就是在幫你過濾一些不必要的資訊，幫你過濾一些不必要的影像，讓你的大腦可以更加有效率運作。

因為我常常做這樣的練習，所以我的視覺就會變得相當敏銳。當我每一次做完這個練習的時候，睜開眼睛看這個世界，再看看我自己的設計作品，那種感覺是完全不一樣的，我會對這個世界充滿了興奮感，我會對這個設計作品充滿好奇心，為什麼我當初會這樣做？原因是什麼？

本來你看到的視覺部分，都是外在的刺激，在白天裡看到這麼多的東西，你都來不及消化，就必須要善用晚上的時間，看看你內在的東西跟需求。看完之後，沉澱完之後，這股能量會慢慢儲存起來，且慢慢巨大化，而且會爆發出來，而爆發的能量是自己身邊的人都會感覺到你的改變。

透過眼睛看到的東西，吸收的知識，再加上晚上花時間沉澱，看到自己內心真正的需求，篩選出一些不必要的負能量，再重新儲存能量。這在別人眼中看來，他們會發現你每天好像都在進步，每天給人的感覺都容光煥發。

你可以每天都做，也可以每一週挑兩、三天做，有幾天如果不做時候，你會感覺到一絲絲的差異，而這樣的不一樣，只有你自己最清楚。

那為什麼要做這件事情？因為白天我們已經看了太多的圖片，做了太多的工作。眼球已經非常疲憊，因此晚上必須把眼睛閉起來，靜靜地去回想，去看自己的內心世界，檢視白天看的那些東西是否有必要刪掉或是保留，一顆乾淨的腦袋，做起事情來才會更有效率。因為你的腦袋必須要裝一些乾淨、有用的東西，是對你有幫助的視覺影像，讓你可以完全變成一個比較有能量的人，比較乾淨的心態跟心靈，讓你整個人都活絡起來，這個就是屬於視覺的部分，看外在世界和內在世界的自己。

為什麼會提到所謂的視覺識別，因為視覺識別，就是所謂的企業識別系統（Corporate Identity System；CIS）裡面的VI，除了我們在白天看到的所有的設計之外，我們必須要把這些設計全部容納在 VI 裡面的四大類。這四大類每一次都把所有的一些平面設計項目、一個一個做分類，這樣分類，腦袋的負擔就會減少許多。在你每一次搜尋這些檔案時，負擔就會減少更多，還能節省大量的時間成本，讓你無需擔心每一次白天在工作時還要想要去哪裡找檔案這件事情。

而不僅僅是這樣子，還有更多的時候，我們會花很多時間在處理歸檔的動作。而在視覺識別的部分，你只需要把檔案歸類進去即可，無需再額外花時間去做這件事情。

這就是品牌心經術裡面所講的眼——視覺，看內在需求，對應外在的刺激，整理思緒後，透過兩者的沈澱與融合，會讓你更加精神飽滿，眼神充滿自信。

23 耳——聽覺

聽覺，在你看見你內在需求後，會想要找一個聲音寄託，因為人們對於聲音的傳遞，自身會產生共鳴的情感，或許是自己的聲音，或許是別人譜曲的旋律。

在過去，我曾經對一些歌的歌詞很有感覺，而且非常喜歡，由於我並沒有經歷過那樣的事件，所以當初我只是聽聽歌詞裡面的一些含義，覺得還不錯，我就把它寫下來。後來過了十年，我發現當年這些歌詞一直反覆在我的生活裡驗證，與我的喜、怒、哀、樂產生了一些共鳴。

每當這首歌響起時，我就會想到這些喜、怒、哀、樂的情緒，隨著這些喜、怒、哀、樂的故事在我腦中遊蕩，並且浮現一些畫面，於是……我就把這些畫面畫下來、記錄起來，甚至把它運用在工作上面。

這個就是「品牌心經術」裡面「耳」的部分，讓聲音觸動你的聽覺，在每一個旋律的過程裡面，觸動你的腦海裡面的一些畫面跟回憶，音樂出來時，心裡開始會有感覺，一些畫面就會在你的腦海裡奔跑，你的思緒也會隨之奔跑，而產生動能。

過去我曾經有這樣的經驗，在做設計的時候，沒有任何靈感，我非常焦急，因為眼看截稿時間就快到了！！我還是沒有任何靈感。後來我索性起身離開書房，戴著耳機去散步，邊聽歌邊散步，紓緩一下情緒。剛開始，我聽的歌是比較搖滾的音樂，後來我發現越聽越焦躁，越來越不舒服，於是改換聽比較抒情的音樂，果然我的心情慢慢沈靜下來，等情緒沉澱下來之後，我再回到書房，摸滑鼠跟敲擊鍵盤準備開始工作。沒想到我的設計竟然變得順暢許多，我的能量也提升許多，心情也變好了，整個人都充滿了興奮感，沒想到那首歌能帶給我這樣的能量，而且是非常好的正能量，感覺就像是這首歌鼓勵了我繼續去做我有興趣的事情！！激勵我不要放棄！！

後來，那首歌被我深深烙印在腦海裡，當我心情不好時，我就會啟動腦袋裡面的記憶，播放這首歌來聽。我相信你也有類似的情況，而這些的歌曲全都是過去那些音樂人所創造出來的，透過旋律他們把自身故事用「聲音」演繹出來，讓我們產生共鳴。而你可能有過同樣的經驗，才會對音樂故事有感、有共鳴，所以你也才會記住這些旋律。

那麼「聽」的部分到底跟設計有什麼關係呢？很大的關係，你會因為音樂旋律，觸動你腦中的一些內在記憶，這些記憶是你不經意透過耳朵聽到的聲音刺激，讓你回想起來的靈感，若是節奏快一點，那麼大腦的運作速度就會變快，節奏慢一點的話，大腦的運轉速度也相對變慢。

這個是我曾經做過的實驗，有一些風聲、水聲、冷氣聲等等，這些微小的聲音，都會觸動我內心「聽」的部分。或許，你也可以放一些沒有人聲的清音樂，例如：水晶音樂、小提琴演奏等古典音樂，讓自己透過「聽」來真正聽見自己內在聲音跟需求，透過外在的一點小小刺激，來達到聽見自己真正內心的需求。

舉個例子，關於音樂創作者而言，他們創作的途徑其實也跟我非常像，他們也會四處走走、旅行、跟人聊天、散步等來獲取靈感，並在旅行途中透過不斷哼哼唱唱，把旋律給寫下來，這個旋律就被製作成一首歌，變成了數位資產，然後讓你有機會在市場上聽到，並且知道了他過去的故事，讓你感同身受，甚至你有可能在聽到了這首歌的同時，也會同樣掉下眼淚，讓你有所感觸，繼而創造出非凡的作品。

這個就是在「聽覺」的部分，透過別人聲音的故事，觸動你內心，讓你可以聽到你內心的聲音，你可以透過內心清澈聲音，慢慢提升自己的人格特質，邁向下一個階段。

而聽覺更深層的內在是什麼？聽覺的深層內在不僅僅只是

聽你內在的聲音，還有跟自己內心對話，進一步療癒自己內心的一些負面能量。有時候在我盥洗沐浴的時候，我會把流水的音樂打開，因為我希望我一整天工作下來，那些焦躁、不安、不滿的等情緒，都可以透過這個舒服的流水聲，將內心深處洗滌乾淨。因為透過音樂的關係，我整個身體由內而外會越來越舒服，整個身心靈好像在洗澡一樣，洗得乾乾淨淨，因為透過流水聲的旋律，讓我整個人沉浸在心海裡面，閉上眼睛，仔細聆聽後，感覺非常舒服，伴著流水旋律的音樂，洗完澡後，我覺得神清氣爽。聲音，不僅僅只是在洗滌我的身體，同樣也在洗滌我的心靈，當我的內心深處被洗滌過後，整個人的身體能量又會再一次重新運作，重新充滿能量。

我常常做這樣的練習，在我洗澡的時候，播放很多不同流水聲音樂，因為他是很好療癒心靈的聲音，而且在音樂的流淌中，我會回想起很多事情，不僅僅只是白天的事情，可能還會想起以往三到五年之前的事情，都可能在同一個時間回想起來，並且在回憶中找到可以運用的方法，用在現在的工作裡。

我閉上眼睛再回想時，就會把一些過去、不好的回憶、不好的事情全部忘記，然後再接著裝載一些近期美好的回憶、美好的心情，讓自己更加舒服，讓自己更加滿意，而我也會把音樂當背景，同時計畫著自己的未來。有時候，音樂就是幫助我們開啟一些我們腦袋裡面一些潛力跟潛意識，所以在聽的部分，「品牌心經術」裡面說的「耳」的部分，就是聽聽你內在的心，透過每次的聆聽，你的內心就會有記憶，久而久之，你自己的腦袋裡面就會記起這個聲音，在低落、失望、傷心的時候，這個內心的聲音就會出現，幫你療癒，甚至幫助你激發靈感。

所以品牌心經術裡面「耳」的部分，就是讓你的腦袋儲存這樣的聲音，透過簡單的練習，讓你每一次感覺不舒服、焦躁的時候，你腦袋裡面就會自己想起這樣的聲音，當你想起這樣的聲音時，你的心情就會放鬆下來，讓你能更有效率處理眼前的事情。

因為這個聲音就是你自己獨有的聲音，這個聲音是可以幫助你整個人冷靜下來的聲音。所以你整個心靈也會跟著靜下來、慢下來，甚至越來越舒服。當你的心靈變得舒服的時候，你的身體自然就會健康，你心情自然會變好，甚至做什麼事都會非常有效率且快速。

在這裡，你必須要結合你喜歡的音樂旋律，這個是屬於外在的刺激。而當你聽久了這樣的音樂跟旋律時，你可以關掉音樂，把這個聲音儲存在你的腦袋裡面，透過品牌心經術裡面的「耳」聽覺的部分，把它儲存到你的腦海深處，當你心情不好時，就能把它放出來聽，繼而重啟你的「心情」，並聽見自己內在渴望的聲音。因為在你心情好的時候，你的臉部表情是非常舒服、愉悅的表情，所以如果你一直做這樣的練習，連帶你身邊的人也會被你影響。因為他會發現，你整個人變得很好相處，就會好奇地問你做了什麼練習。

當你把這個練習當作習慣之後，你的內心會透過喚醒「旋律」來增加自身的能量，這能量可以幫助你突破難關，甚至在你低落的時候給你一劑強心針。因為你願意讓這個聲音進入你的內心，幫助你在任何時間裡面提升自身工作效率，而這個聲音自然而然就會變成你專屬提升能量的音樂。

或許你有聽過「喝」的能量飲量，所以當然也會有「聽」的能量旋律。

紓壓音樂推薦
https://lihi1.com/AR4ri

24 鼻——嗅覺

《香水》這部電影是在 2006 年推出的德國電影，男主角天生嗅覺靈敏，這是上帝給他的天賦，讓他有能力在很遠的地方，就聞到別人聞不到的奇特香味。而在電影裡面，他不惜殺人也要取得人體的味道，因為他認為，只有人體的香味才是最天然最珍貴的，而且他知道，只要他成功研發出這款香水，他將會改變德國人的命運。

所以在他每一次犯案的時候，都是想竊取人體身上的香味做提煉。為什麼他會對於人體的香味這麼迷戀，因為他知道這個香味會讓他進入另外一個世界，甚至每一個人如果聞到他調製的香味，也會不自覺地進入他所看到的世界。

所謂的「嗅覺」就是讓你聞到這個味道的時候，可以進入另外一個世界，也就是所謂的內在世界。所以在品牌心經術裡面，我要喚醒你這一個「嗅覺」的能力跟技能。如何喚醒？那就是你必須要找出屬於你自己身上的味道。當你已經看見了內心的需求，當你已經選定你專屬音樂時，那麼你就要開始挑選適合自己的味道。

《香水》這部電影是改編自德國作家徐四金於 1985 年發

表的一部小說《香水：一個謀殺犯的故事》。裡面的內容就是在說人身上都有特定的香味，尤其是女性身上特別明顯，而這個香味是可以迷戀整個世界，而男主角鼻子天生又特別靈敏，在好奇心的驅使下，忍不住跟蹤這個香味，繼而犯下殺人的罪行，在電影裡面，則不斷強調香味會改變人的決定等暗示。

舉個例子，有些航空公司會在他們的機艙裡噴灑特定的香水，來提升自家航空公司的品牌形象，而這些香味，目的都是希望乘客在搭乘班機的時候可以記住這個味道。所以在嗅覺的部分，「香味」就顯得特別重要，而且在近幾年，香味更是受到重視，加上你自身身上的味道，透過香水融合，塗抹在靜脈位置，再透過脈搏跳動揮發出來，而這個香味不僅僅能代表品牌，還代表你個人的形象。

當你決定了味道，從而開始運作和推廣，那麼這個味道未來就會一直跟著你，同時也會影響著你的生活跟事業。別人可能會跟你說：「我覺得你身上有一些特殊的香味，可能你自己都沒有發現，你是不是使用特別的香水，或者使用特別的洗髮精，讓我感覺很舒服，很想跟你親近」。而身上的味道跟香味會透過皮膚揮發出來，會透過熱量散發出來，當你心臟在跳動的時候，血液送往全身每個角落，香味就會一點一滴地從你的皮膚散發出來，讓更多人聞到。而聞到的人就會不自覺地想要靠近你，甚至想要跟你多聊上幾句。

所以在品牌心經術裡，你要開始去尋找屬於自己的味道，那是一個能代表你自身的香味跟個性的香味。我說的屬於自己味道的是你「內心」那一個屬於自己的香味，是你內心靈魂喜歡的味道，包含你潛意識可以接受的味道。你去百貨公司找出這個味道，或者你可以使用一些特別的方法調製這個味道。

不論你要用什麼方式，你都必須要找出這輩子屬於你自己的味道，因為這個味道將關係到你個人形象的部分，也將會決定你個人情感的發展。

曾經有這樣的例子，在法國一位女士出席一場晚宴時，她打扮得非常漂亮，將身材襯托得玲瓏有緻，並使用了一款特殊的香水。本來她在所有的賓客裡面是不起眼，因為大家也跟她一樣把自己打扮得特別亮眼。然而，她身上的味道卻為她吸引來一些還不錯的對象，而且這個對象還非常誠實地跟她說：「我就是因為這個味道找到你的，請原諒我的誠實。」這是一個非常經典的例子。香味，是可以提升你個人形象跟魅力，讓人們不自覺想靠近你、與你攀談。有時候我們會因為某人身上的香味，而感到特別舒服與安心，因為香味本身也會有療癒和放鬆心靈的作用。在品牌心經術裡面，你就是要找出屬於自己的獨特味道。

除了我剛剛提到的例子，你可以去百貨品牌尋找自己的香水味道，也可以到大自然裡找尋一些植物來萃取出這個味道，或者是一些花朵萃取出來的香味，因為沒有人會去抗拒大自然的味道。而這樣自然的香味是大部分人都會喜歡的，而且完全不刺鼻。

你可以透過到世界各國旅行，把這個香味蒐集起來，用在自己身上。用完之後，你會發現世界就此改觀，你自己會聞到，你的靈魂也會聞到，你的潛意識也會聞到，甚至你想要的世界，也會聞到這香味，而他們就會不斷地想要靠近你。你想要的資源、你想要的人，全部會不自覺地靠近你，因為你對自己制定了個人品牌香味。

你塗上了這個香味，這個香味會結合你本來身上的味道變成另外一種新的香味，那為什麼要一直強調這樣的香味，因為這個香味會喚醒你內心的靈魂跟能量。當你聞著自己身上這個味道的時候，你會非常喜歡，會變得更有自信、更有活力，那麼你做起事起來就非常有效率，甚至在推動個人品牌時，也會更順暢。

不要懷疑，真的有人就在做這件事情，他就是所謂的「香水師」，他幫每一個人調製個人身上的香味。他透過與你聊天，詢問你關於你個人的過往故事，以及過往的點點滴滴，透過這些談話與交流，他會幫你找出提升你能量的香味，特別為你量身訂制，他能使一位本來在自己所屬的產業裡面完全不起眼的一般人，用了這個味道，讓大家開始對他另眼相看，漸漸開始重視他，幫他引薦貴人，更換職位，還給他加薪，甚至給他更高的報酬。

香水師可以幫助你調配每一個年紀不同的香味，可能在年輕的時候適合這樣的香味，在壯年的時候適合另一款香味，在老年人的時候則又適合不一樣的香味。而每一款香味都是在幫你推動個人品牌魅力。

「嗅覺」在「品牌心經術」的部分就屬於鼻子的部分，你要去刺激自己鼻子的嗅覺，甚至訓練嗅覺。你可以怎麼訓練？那就是閉上眼睛，去聞聞你身邊的味道、去聞聞環境中的味道，一定會聞到讓你感覺喜歡、舒服的味道，你就可以停在那裡，把它記錄下來，接著跟香水師討論，並且跟他說這是我透過觀察發現的味道，請你幫助我把它研發出來。

如果真的有著你香味的客製化香水，那就好好地、仔細地去聞，你會發現你內心會無比的平靜，而且非常舒服，因為你的靈魂正在甦醒，當你的靈魂甦醒時，你的能量就會慢慢地散發出來，因為這個香味會讓你整個人覺得很舒服，讓你開始有更多想像力，讓你的心情真正放鬆下來，感覺翱翔在另外一個世界裡面，暫時揮別一些煩惱跟憂愁。當你再回到這個世界的時候，你的精氣神都會提升上來。

很多的化妝品都有這樣一個自然的味道，香水也是。在於你自己怎麼去找出這個味道，而這個不僅僅是外在的味道，你自己也可以透過飲食的方式來產生這個味道。舉個例子，你可不可以從現在開始就吃一些清淡的食物，喝更多的水，大量的運動，有助於排毒，而你在吃的過程也是在排毒，你身體的味道就會完全改變，你身上再也不會有很奇怪的味道，而是舒服、乾淨而且很清爽的味道。別人聞到的時候，會覺得在你身邊很放鬆，而不是有壓力。而別人在你身邊感受到的安逸，會讓他還想要繼續待在你身邊，繼續跟你合作，這個就是屬於「品牌心經術」裡面嗅覺的部分，也就是心經裡面的「鼻」的部分。

從沈澱開始尋找屬於自己的味道，訂製自己的香味，結合個人形象加上香味，讓你的個人品牌形象更上一層樓，當你讓身邊的人習慣你身上的香味時，也會幫助你帶來更多豐沛的資源，不論你在事業上、生活上，都可以順順利利。

從精神層面來說，你就是透過「香味」來提升自身的身心靈價值。

香水電影片段

https://lihi1.com/NPi1I

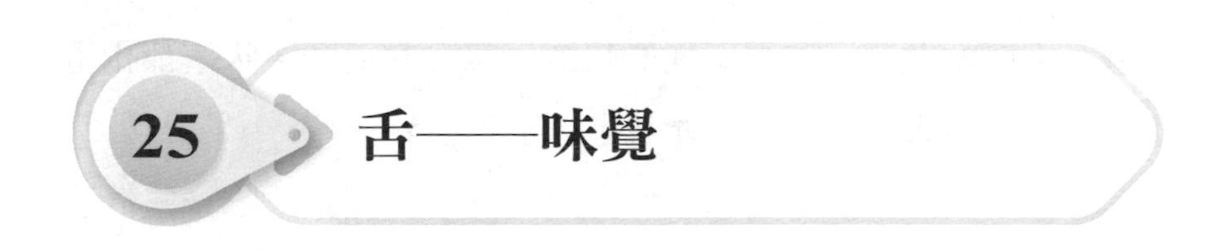

25 舌——味覺

我從事設計工作大概十幾年的時間，早期，在我三十歲之前，我的飲食是非常重口味。而這些重口味食物，所有的毒素全部囤積在我的身體裡，可是我渾然不覺，任由我的身體不斷拼命工作。我認為在設計領域，我一定會發光發熱，所以我持續燃燒自己的靈魂去滿足客戶所有的需求，加班、熬夜通通來。

由於我在飲食這一塊，並沒有特別重視，而且我認為有吃飽就好，吃的東西營不營養，其實沒那麼重要。三十歲之後，我發現我的身體出現異狀，在身體的某些部位有長出一些凸起來的肉瘤。而凸起來的肉瘤摸起來硬硬的，而且不知道為什麼一個禮拜、兩個禮拜過去了，也沒有消失。後來我去醫院檢查，醫生也找不出原因，於是我開始大量喝水，大量運動。後來這個肉瘤，經過我大量喝水與運動，它慢慢地消失了。

之前，我除了對吃的東西不是很在意之外，也沒有照正常時間用餐。比方說，早餐可能到了十一點才吃；午餐到下午三點才吃，而晚餐的部分可能八點才吃晚餐，每一次用餐的時間都不固定。在不知不覺間接傷害著自己的身體而不自知，所以我身上開始散發一些很奇怪的味道，每一次流汗，味道都相當不好聞，令人很不舒服，連我自己都不喜歡。

後來我除了拼命喝水，努力運動外，我開始改吃一些清淡食物，讓自己的身體狀況漸漸好轉。

由於飲食開始改變，我開始選擇吃一些營養的食物，剛開始吃的時候，真的是非常不習慣，也不喜歡，因為都沒有任何「重」的味道。比方說沒有特別辣、沒有特別酸，自然就沒有那麼好吃，因為這些食物的調味都被拿掉了，只剩下原本食物的味道。可能只是簡單地加一些鹽巴，或是簡單用熱開水燙一下，其他什麼都沒有。

剛開始我很不習慣，可是沒辦法，因為我的身體一直在跟我反應，我好累，我不行了。我的心靈也在跟我說：「你再吃一些很奇怪的食物，你會受不了。」

那些油炸、燒烤的食物我漸漸不吃之後，我的身體開始有了一些變化，變得比較有精神，在嗅覺和味覺的部分也變得特別敏感。因為本來那些辣的食物就是重口味的，會麻痺我的一些味覺神經。

後來我修正我的飲食習慣，我的舌頭開始變敏銳，開始知道什麼是好吃的食物，什麼是不好吃的食物，而後來更明顯的現象是什麼？就是只要是味精加太多的食物或是便當，我的喉嚨就有一種卡卡的感覺，好像把所有的味素全部卡在那裡，讓我很想一口把它吐出來，而且不只一次，而是吐了好幾次，我才會覺得喉嚨比較舒暢一點。

而且屢試不爽！！我想說這可能是這個食物做得不好，於是我換一間餐廳，結果還是一樣在吃的時候會卡在喉嚨，後來去吃一些沒有太多調味的水煮食物時，我的喉嚨才完全不會卡。當然，這也太明顯了！！如果要讓身體恢復健康，你會選擇前者卡卡的食物，還是選擇後者不會卡卡的食物，我當然是選擇後者。

當我選擇後者食物，並食用了一段時間之後，我的身體有了巨大的變化，在我看東西的時候眼睛變得特別敏感，而在我吃東西的時候味覺也變得特別敏感，甚至我的嗅覺也變得特別的靈敏，我的聽力也開始提高許多。我甚至可以聽到比較遠的地方或更加細小的聲音。對於光線移以及移動人物變得更加敏銳。

因為之前我都在麻痺我的身體味覺，而現在則是回復到它本來應該有的功能。我發覺我的身體變化影響了心理變化，而我的心理變化則影響了我做事的成效，那整個過程其實沒有超過一年，只有半年的時間，我就有這樣巨大的變化。

你問我，會不會想要再吃一些油炸的食物，但為了身體健康我現在已經很少甚至沒有在吃油炸的食物，也很少吃一些味道很重的食物，因為我的身體會很誠實給我警訊——這些東西，你已經沒有辦法負擔了。這會影響工作效率，真的沒辦法讓你繼續前進，我的身體是這樣的誠實地告訴我。

所以在味覺的部分，我就必須要選擇適合我身體營養的，而這些營養可以決定你身體運作的機能，而味覺的部分就是你吃下去的食物，雖然你可能不是那麼的喜歡，但是，其實你吃久了之後，你可以訓練你的味覺，因為這是食物原本真正的味道。食物原本的味道是相當重要的，因為你在品嚐食物它該有的真正面貌，而不是別人添油加醋所產生的味道。品嚐食物原始的味道，才是最重要的味道。

它可以幫助你什麼？幫助身體散發出一些很自然的味道，而且是好聞的味道，如果你在日常中不斷去分享自己品嚐的食物，你也可以去推動自己個人品牌的魅力，因為你吃出健康、吃出營養，你可不可以把這樣吃出健康的方法，分享給更多人知道。而這些人知道之後也會跟著你做同樣的事情，這樣不就能幫助更多人找出健康的食物，透過你的舌頭找出健康的食物，去幫助更多的人。你好似一位很棒的評鑑家、美食家，幫助更多人選對食物。

你的舌頭是可以被訓練的，你的舌頭在訓練的同時會越來越敏銳。而且當你吃一些清淡的食物的時候，你在於口語表達的時候也會越來越清楚。當別人知道你在清楚表達什麼，你的生意就來了，獲利就提高了，甚至你的人緣變更好，口氣也會變好。

如此一來，不但你的身體會越來越健康，你的舌頭也會變得很敏銳，在「品牌心經術」裡面，我就是要你找回這個味道，找回這個舌頭功能，甚至訓練你的舌頭不斷嘗試做這個練習。讓進到你身體的食物，產生能量，近而強化你的味覺。

內在的飲食正常之後，你的身心靈就會更加健康，你的能量就會慢慢累積出來並且爆發出來。我這樣改善飲食的方式運作的時間只有半年，在這半年裡面我發現，我從一個精神不濟的狀態，一直到最後身體越來越健康，而且是越來越舒服。

你也可以試試看，你可以安排自己去吃一些比較清淡的食物。比方說真的沒什麼味道的食物，或者是素食，剛開始你會不習慣怎麼沒什麼味道，但吃到最後，你的舌頭就會告訴你，這個味道才是真正的味道，才是真正屬於健康的味道。如此一來，你的工作效率也會間接提升。

透過舌頭的訓練，對應「品牌心經術」的「味覺」找回自己的舌頭該有的敏銳度，繼而提身你的舌頭對於「吃」的敏感程度，也因為你的飲食改善，身體變健康之後，身體產生動能，其工作能力也會跟著提升，工作自然會有效率。同時，你

的個人品牌魅力，也會透過你敏銳的味覺觀察分享，讓你再推進一步。

身體器官也會因為你吃的食物，讓整個運作機能更加有效率。品牌心經術——舌，是提醒你選對食物，藉此產生更大的能量補給。繼而影響你的生理、心理的變化。

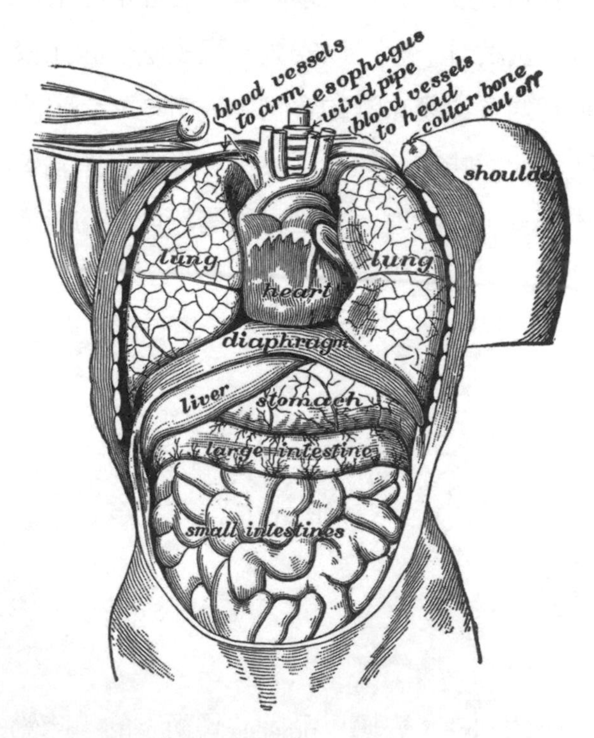

來源：Davison, 1910

26 身——觸覺

一位名媛拿著一個 LV 包包到米其林餐廳用餐，她坐下來之後點了一道菜，開始使用刀叉，整個過程她所接觸的都屬於「觸覺」的部分，過程中她非常享受。甚至在米其林餐廳裡面，每一道菜都是屬於「味覺」的部分，吃的東西非常講究且健康的，堪稱藝術品的綜合表現。

當一個人建立起自己的個人品牌魅力後，他的舉手投足都是優雅、高貴。就形象上面也是透過訓練打造出來的，同時也具備了自己身上的香味、自己的敏銳飲食習慣，到最後她選擇一家高級的米其林餐廳，來訓練她身體的「觸覺」。她希望在她每一次接觸的時候，都會有美好的回憶，讓她在每一次的美好回憶中，身心靈又更上一層樓。

所以，回頭看看自己，你可不可以設定你自己，在休息的時候去一間有質感的咖啡廳或餐廳，手持高級咖啡杯，坐在復古皮革沙發上，每個動作，都是一個「觸覺」的美好體驗，且可以幫助你刺激你的大腦留下一些很舒服的印象，有助於你在潛意識釋放一些潛在壓力。

當你觸碰到的任何東西，那都是屬於「觸覺——身」。從你觸摸東西的那一刻開始，大腦就會開始透過你觸摸的東西開始記憶。從表意識到潛意識一直不斷幫助你記憶，而你的大腦可能會不自覺的激發靈感。這整個過程裡面，你都在累積你記憶中的觸覺印象。你摸過實木大長桌，拿著咖啡杯聞著咖啡香，都是不斷透過你的大腦去記憶，而整個過程你則不斷地刺激你的大腦，留下一點一滴不同的印象，而在你往後工作的時候，你也會回憶起你觸碰過的東西，來跟你的工作做結合，甚至有效地完成你的工作。

為什麼我要特別提起這個故事，因為很多時候我們到了一家高級餐廳，我們並不曉得我們正在開啟我們的「觸覺」。我們並不知道，我們正在喚醒大腦去記憶這些接觸的東西，有一次，我在米其林餐廳用餐的時候，對於餐廳裡的顏色、光線，甚至他們所使用大理石的桌子特別有感覺。而大理石的桌子是比較冷冽的，它不會因為裡面的冷氣而有著溫度上太大的變化。在觸摸的時候是比較冰冷的，所以我記住了這個感覺。選用的盤子上面還有藝術家的創作。我觸摸這個盤子，欣賞藝術家的創作，我把這些美好的回憶，留在我的腦海裡，接著我拿起刀叉來品嚐食物。

食物特別精細，味道也特別好吃。我小心翼翼地拿起了沉重的刀叉，仔細地切著食物食用著，若是在一般的餐廳，我可能會大口大口地吃。但是在米其林餐廳裡，我用心品嚐每一口如藝術般精緻的食物，因為我知道這道料理做出來並不容易，所以我要一口一口地慢慢品嚐它的滋味。在我觸碰刀叉與大理石桌面時，室內的光線跟用餐的刀叉，都給我一種不一樣的觸感體驗。

在品牌心經術裡面，我開啟這些技能，用心觀看、體會、品嚐、聞著米其林餐廳內提供的花香，細細聽著餐廳裡面所提供的音樂。而這些技能可以觸發我做出同於米其林餐廳的設計。這過程可能會比較玄一點點，但是沒有關係，你可以試著去比較一下，一般的餐廳跟米其林餐廳的真正差別在哪裡？不論是迎賓、餐點、桌椅擺設，空間營造跟光線的變化與安排，都有不同的觸覺感受，讓我清楚明白，貴有貴的道理。

再舉另外一個例子，我曾去過台北 101 大樓的「隨意鳥地方」餐廳用餐，它給人的感覺又完全不一樣，非常華麗，非常精緻，經過炫麗的霓虹燈走道，到大門前，櫃檯就擺了一艘木製的大船，約長兩米，每一個細節在我觸摸過之後，感覺非常舒服，不會因為它只是擺放在那裡的一個裝飾品，就隨意挑選，你會感受到老闆在每一個細節裡都下足了功夫，所以不論是在走道，或是洗手間裡的花瓶擺設跟雕花鏡子，都能感受到餐廳的細緻與質感，帶給我美好的體驗與回憶。

我很喜歡這樣的觸感體驗，而這樣的經驗觸動我非常多的靈感，我用手去體驗了關於他們餐廳的一些刀叉、桌椅、雕塑品、擺飾、牆面壁紙等等。在觸摸完之後，這樣的觸感就會記錄在我的手掌、手指頭裡面，甚至記錄在我的腦袋裡。讓我每一次回想的時候，做設計的時候，都可以提煉出當時「觸」摸的感覺，用在我的設計上面，這個就是屬於品牌心經術所說的「觸覺」。透過肢體的接觸，構成腦海裡面有濃度的故事。

在心經裡面的「身」的部分是要你把這個「觸覺」遺忘掉，然而在「品牌心經術」裡面，我要你「逆向思考」去喚醒這樣的觸覺，讓你在觸摸每一個東西時，都能細細去品味、去思考，因為當你去觸摸時，你會透過觸覺，從你的指尖產生能量慢慢流向你的心臟，再流向你的大腦裡，你會因為碰到這樣的東西而感到無比喜悅與舒服，你也會因為喜歡而記住它。而在你將來做設計工作的時候，就會想要用專業能力把這個感覺重現出來給客戶，讓客戶也感受一下你當時的喜悅感。

因為你通過你的指尖去觸摸，所以你建構出一個很完整的觸感體驗，甚至你建構出一個很漂亮的形象在腦海裡面，所以結合前文所說到的幾個技能，到現在，你吃著好東西，看著不錯的餐廳，甚至為自己用一款還不錯的香水。這些東西都是你本來就會的東西，只是在這裡，我希望你可以提高它的敏銳度，來幫助你做你想做的事情，不論是你想要獲得更高獲利，或是你想在工作有更卓越的表現，這些都可以幫助到你！！

你可以做一個簡單的練習，試著去觸摸不同的材質，像是、石頭、木頭、布、水晶、礦石等等，這些不同的材質都可以去觸摸，然後把觸摸的感覺全部記錄下來。

接著去找這些材質的相關環境，像是餐廳或咖啡廳，為什麼這間餐廳的桌子摸起來特別凜冽，像我之前說過的石頭，中間有什麼關聯性？這就能觸發你的靈感。

這一張木頭的桌子與我之前摸到的木頭有什麼差別，濕度比較高？或者是密度比較高？為什麼這個木頭摸起來這麼細緻？我之前自己找的木頭怎麼摸起來怎麼這麼粗糙？

布的部分，這個窗簾摸起來這麼精緻，這麼舒服滑順，而我之前找的布為什麼那麼粗糙？為什麼不滑順？試著去比較時，你就會在大腦中思考甚至沈澱。

因為我曾經做過這樣的練習，我在台北市逛迪化市場的布街時，我是用我的手去觸摸每一塊布的質感，我曾經觸摸過至少上百條的「布」，在這整個過程裡，我將這個觸摸的觸覺全部記錄到我的腦袋裡面。

我知道每一塊布摸起來的感覺是什麼？適合用在哪裡？可以用在什麼樣的設計裡面，我可以去延伸我自己包裝設計的材質跟範圍，讓我設計的東西更加分。

在你做觸摸練習的時候，是不是可以把這些想法記錄下來？是不是可以把這些想法變成你的設計理念？跟客戶說，我摸到這個東西的材質特別適合你，或者是這一張紙的材質在加工後，特別適合用在你身上。你可不可以把自己的名片，選用這個特殊的紙，讓它看起來更有魅力，發出名片時，你就直接把這張特殊的紙遞給對方，對方拿到之後會發現，這張名片與之前收到的名片質感完全不一樣，而對你產生深刻的印象。

你也可以做這樣練習，就是摸過至少一百到兩百張以上的不同材質的紙，在選定一個你覺得很喜歡的紙張觸覺，去做成自己的名片，設計好之後再遞給對方。屆時對方會瞬間感受到你滿滿的用心，甚至是紙張散發出來的獨特魅力與故事，這麼做可以提升你個人品牌的魅力，讓對方從「觸覺」記住你的個人形象。

我再舉另外一個例子：以手工縫製的 LV 包包，很多人揹著 LV 包包時會覺得自己好像是一個名媛、明星，為什麼會有這樣的感覺？因為他們覺得只有拿到這個包的時候，就感覺自己特別有地位、有身份，甚至可以跟明星劃上等號的遐想。而當他們觸碰這個包包的時候，細膩的工法與純牛皮布料，還有加上屬於名牌的專屬味道，以及名牌包鍍金 logo 加持，讓你不自覺迷戀自己難得擁有的東西，每當你觸碰這個包包時，能一次又一次提振你的自信心，讓你在談生意，出席重要場合都覺得特別亮眼。因為觸覺讓你一次又一次提升你的心靈能量。

這些觸碰體驗，都會觸動你的感官，讓大腦擁有美好的回憶。因為你知道這是手工製作，有著滿滿的能量在裡面，設計師在用心縫製時心裡想的是，希望包包的主人可以和自己一樣珍惜它。

所以當你拿起 LV 包包，會覺得說，這個是出自於別人非常用心的手工藝，所以我要特別珍惜，並且有效地善用它的存在感。

因此，你可不可以也設計這樣的一個包裝，幫客戶選定一些特殊材質，做一些特別的設計，做出一些特別的名片、特別的包裝來代表你的個人魅力。比方說：酒瓶的貼紙設計，精緻且華麗。像是日本酒包裝上面，它們都會特別選一些特殊的紙張，來詮釋他們的品牌，來詮釋他們的歷史文化涵養。

還有一些酒商會用再生紙，貼在酒瓶上面，感覺特別有故事、有魅力、有內涵，而當你收到這支酒的時候，你會明顯感受到這酒和之前你拿到的酒完全不一樣，因為酒商特別用心去挑選了美術紙，讓你不管是拿或是看這個酒瓶都特別有感覺。當你在用視覺去體驗的時候，你會覺得說：「哇！這視覺設計真有質感，且不但摸起來有感覺、喝起來有感覺，甚至看起來又舒服。」讓你整個記憶都鮮活起來，並且印象深刻。這個就是你在「觸覺」的部分所做的練習。

在你做過這些練習後後，你的手指頭就會變得非常敏銳，當你下次拿到任何不同材質的紙時，你就可以馬上選出你要的紙，甚至可以說出每一張紙讓你聯想到的故事，同時，你身邊的人也會因為你的改變，開始想更加了解你，客戶也會更想和你做生意。

透過每一次的觸感體驗，你都是在強化自己觸覺方面的經驗。而我也是透過這樣的練習，在每一次跟客戶談話的時候，都可以依照手邊的紙張、原子筆的觸感體驗分享，與客戶拉近距離，增加成交的機會。

LV 形象影片
https://lihi1.com/Tp5DL

27 意——感覺

五覺合一，就是第六覺「感覺」，在心經裡面所提到的就是「想法」跟「意念」，而在「品牌心經術」裡面，所提到的就是將前面五覺全部合在一起，變成第六覺——「感覺」。

這個練習其實並不容易，因為你必須要五覺全部同時啟動來練習，而每一個項目必須至少練習超過一百次，你沒有看錯！就是一百次！！

在視覺的部分，你要看超過至少一百張的設計作品。

在聽覺的部分，你至少要聽過超過一百首歌。

在味覺的部分，你至少要吃超過一百種食物以上。

在觸覺的部份，至少有摸過一百種以上材質。

這樣你才有辦法一起去做全部的練習。而這五覺一起啟動的練習，就是第六覺——感覺，會讓你的身體裡面開始產生一種能量，會與你的靈魂產生共鳴，可能到這個階段時，你還不太懂，那沒有關係，等你做到一百次的練習的時候，你就能聽得懂我在說些什麼。而且到最後你會越做越輕鬆，知道為什麼當初要求你做這樣的練習，當你有了這樣敏銳的感覺之後，你在做設計、在工作，甚至你在提升你的精神能量的時候就會非常快速，而且準確。

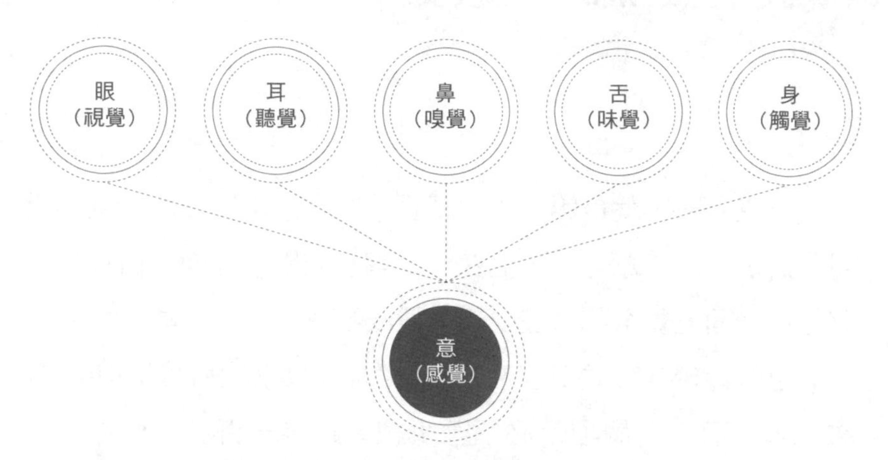

每個項目練習百次，啟動第六覺的方法

你可以很快地整理資訊，你可以很快地掌握客戶的需求，你可以很快地找到你要的素材，這個都是通過「品牌心經術」所訓練出來的。而這些練習你千萬不能忽略，因為這些練習攸關於你的獲利。如果你想要提高獲利的話，那麼這些練習就不能跳過，每一個項目至少要練習一百次以上，每個項目至少要做一百次以上，你才有辦法達到第六覺「感覺」。你才有辦法五覺合一，觸發你內心靈魂的能量。

你內在的感覺、你心靈的感覺，都必須要跟你的身心靈合一。我在前面幾個章節有提到過，你是透過外在刺激啟發靈感，這是屬於你身體的部分；而在你心靈的部分，你累積出來的經驗，會不斷增強你的感知能力，透過品牌心經術的訓練跟練習，還有淬煉，你才有辦法訓練你的身心靈，達到更高階段的敏銳感。

你的表達會更有自信，做事情會更有效率，而且會越做越快。啟動你的六感體驗的時候，你將會非常有自信。而且那種自信不是自傲，而是源自於你通過非常多的練習的一個結果，是經過付出和努力而達到的結果。

確實地執行每一個過程，在做的每一個過程，你才會得到這樣的結果。我舉最簡單的例子，可以做為你六感體驗的練習。

迪士尼樂園就做足了「六感體驗」這件事情，它在視覺的部分營造得非常好！！只要我一進入迪士尼樂園時，我眼前所見的畫面全部都是卡通的世界，彷彿讓我一下子從大人變成了小孩子，回到了童年時光，回到了小孩的感覺。讓我用最純真的「心靈」去面對我一直渴望的卡通。

當我聽到了迪士尼的音樂，我那個小孩的靈魂又再度被喚醒，喚醒了我最純真的靈魂之後，它就會繼續帶我往下個階段走，當我聞到迪士尼的一些特殊香味時，讓我整個人感覺無比的愉悅，彷佛可以感受到那些卡通在電影裡面的歡笑與興奮感。而這些香味，是我永遠沒辦法忘記的，當我聞到之後，我把這個味道記住了，甚至跟我身體連結在一起，之後我每到一個地方，如果我聞到了這樣類似的味道，我就會記起這是迪士尼的味道，讓我又想起從前的愉悅感。

接著當我吃到迪士尼餐廳的食物，我會想起迪士尼帶給我的美好，令我流連忘返，並且記住這美好的回憶，回去之後我還會與我的親朋好友分享這趟迪士尼美好的經驗旅行。而我在迪士尼所接觸到的所有卡通人物玩偶與他們合影、擁抱，是令我難以忘懷的「觸覺」，因為這些迪士尼明星玩偶帶給我的快樂，是給我內心小孩靈魂的快樂，我發現，迪士尼樂園帶給我們不僅僅是眼、耳、鼻、舌、身五感體驗，還有「意」，也就是所謂的想法跟意念的傳遞。

迪士尼創辦人華特・迪士尼（Walter Elias Disney）帶給我們的就是六感體驗，而他把這六感置入到迪士尼樂園這個品牌裡面，而他置入的就是品牌的意念。所以當我們想要帶小朋友出去玩的時候，我們的首選就會是迪士尼樂園，因為它能帶給你不僅僅是大人靈魂的快樂，還有小孩靈魂的快樂。因為大人帶小朋友去的時候會覺得非常有面子，非常有成就感，並且滿足自己小時候的缺憾。

華特・迪士尼（Walter Elias Disney）就是希望把自己的「快樂」透過迪士尼樂園傳承下去，所以他打造了迪士尼樂園（品牌信仰），讓更多跟他產生共鳴的人，代替他傳遞下去。從本來的一個人，到創造卡通人物，到團隊建立，到打造樂園，到信念傳承的整個過程。

所以，你也可以幫助你自己打造個人品牌，規劃出整個流程傳承下去。用「品牌心經術」去打造自己內心強大的力量，打造自己的意念，打造自己的品牌信仰，讓更多人想要傳達你的意念，你的夢想，你的想法，就像那些偉大的歷史人物：林肯、愛迪生、居禮夫人、拿破崙等，都是把自己的精彩故事不斷傳承下去。

在這個章節，你要好好做練習，不斷地去做，去發現與修正，當你修正完之後，你會發現很多的部分要進行微調。你可以在錯誤裡面成長、在錯誤中吸取教訓，因為迪士尼樂園也是從最簡單的米老鼠繪製開始，從黑白的米老鼠電影起步，一路演化、改進，經過五、六十年的時間才慢慢成長到你現在看到的 3D 電影卡通。

沒有人一開始就完美，沒有人一開始就可以做到最完美，舉個例子：我從事設計師工作十幾年，我也是從平面設計開始做起，DM 設計、海報設計開始，平面設計作品至少也超過千張，海報設計至少超過千張以上，logo 設計至少超過萬個以上，草圖繪製也至少超過萬張以上，這些都是透過不斷練習與修正，最後發現自己愛上 logo 設計後，建立設計系統，完成品牌心經術。

這整個過程並沒有白費，而且我不斷地在練習裡面做修正，調整設計方向，我希望客戶看到我在詮釋 logo 設計的故事時，能有所感動，也希望他可以有新的想法回饋給我，讓我可以不斷在經驗裡進步。

不僅僅是這樣子，我還會帶入我身上特殊的香味，讓客戶記住，還有就是我會在會議時，視情況播放一些屬於我自己的音樂，讓客戶直接進入我的世界，讓客戶能與我同頻而直接成交，這些都是我透過練習所得到的結果跟方法。

通常新銳設計師在每一次接案的時候，都會約在咖啡廳跟客戶交談，我也跟你一樣，我會找一些有質感的咖啡廳，松山機場附近的富錦街，就有非常多的高質感咖啡廳，而這類型的咖啡廳可以讓我的身心靈得到放鬆與安慰，讓我在激發創意時更加有活力。這就是屬於感覺的部分，我可以通過觸碰到的東西、摸到的杯子，坐到的椅子來觸發靈感。

我很用心地去找這些高質感的咖啡廳，因為我知道「優質的環境」可以滿足我的五感體驗，激發我的第六感體驗，第六感就是我的想法與意念，並且我會把它記錄下來，可以在未來激發靈感使用，而我也把這個想法跟意念埋藏在我的潛意識裡面，讓他在我需要的時候，可以拿出來使用。

這些練習都是我的親身體驗，一直到現在你所閱讀到這些文字內容，全部都是我的經驗談，我透過這些親身體驗把它記錄下來，讓你也試試看這樣的練習。讓你也試試看你能不能走出這樣的過程。如果可以的話，你的身心靈就可以合一，你創作出來的任何設計都會有能量跟靈魂。因為這是客戶回饋給我的，客戶那時候回饋給我說：「你跟一般的設計師不太一樣，因為你的設計裡面有靈魂、有能量，你是透過什麼樣的練習，讓你可以達到這樣的地步？」我跟他說：「其實我是從最簡單的練習開始，我最熟悉的五覺練習開始，緊接著，我開始去聽一些旋律，去激發我的靈感。後來，我開始對一些味道感興趣，而這些味道能讓我放鬆自己的心情去創作。接著，我顧慮到我自己的身體健康，我挑選健康的食物，讓我的身體散發出來的味道更加清爽、乾淨。後來我觸碰到的所有客戶的手，跟他們握手。他們跟我說，我給他們的感覺就是，我很溫暖，我很正向，感覺我很有影響力，這些都是客戶回饋給我的感受。」

這些都是客戶給我的一些建議，我把這些過程全部記錄下來，寫成一百篇文章，裡面都是我跟客戶所發生的經歷與過程，這個就是第六覺的部分，也就是感覺的部分。我把所有的五覺全部練習完後，得到了最後一個想法——意念。品牌意念讓我有著更深一層的想法。而我提升了這六感體驗的敏銳度跟敏銳感，讓我在創作作品時不但非常快速，而且很有質感，甚至可以擄獲客戶的心，讓客戶感覺到這個設計作品非常有能量。讓客戶可以非常自信地介紹他的客戶，讓他們知道這是一個有質感的設計師所設計出來的作品。所以在這個章節裡面，可能會有一點複雜，但沒有關係，因為我也是這樣走過來的。我也是這樣一點一滴去累積這些六感體驗的故事跟經驗。

請不要著急，接下來的每一次的過程，希望你都可以記錄下來，這些都是非常不容易的，因為每一個人的經歷是完全不一樣，不會有人是完全一模一樣的經歷，所以你必須要記錄下來，甚至去分享，你才有辦法做好你自己的個人品牌，展現你的個人魅力。

資源分享

一秒產生百種關鍵字靈感
www.answerthepublic.com

日式免費 Icon 下載
www.icooon-mono.com

28 品牌六感體驗應用方式

當你學會了六感體驗的練習，練習到一個階段的時候。你就必須要找人來驗證這件事情。比方說：在視覺部分，你已經看過超過一千個國外設計，那麼你可不可以讓別人來驗證是否有達到成果？

你可以找一些國外設計的作品，選擇你最喜歡的設計之後，當面跟客戶說明、解釋，在這個平面設計裡有哪些元素，這個設計它好在哪裡？優點在哪裡？它是如何構成的？你都介紹得一清二楚，解釋到位。這就表示在視覺的部分，也就是所謂的「眼」，在「品牌心經術」裡面的視覺你有練習到位。甚至你還可以說出當時這位設計師的想法是什麼？就表示你在品牌心經術裡面的「視覺」練習得相當足夠。

聽覺的部分，我們要怎麼去練習跟運用，當你聽過超過一百首歌之後你會有一種感覺，什麼感覺？你偶爾會在某一個情境裡面哼出一些旋律，而這個旋律就是可以觸發你內心的靈魂能量，能讓你勇往直前、繼續克服難關。如果你有這樣的感覺，那表示你在聽覺的部分是有做足練習，甚至你還可以分享給別人，你曾經聽過什麼歌？那些歌帶給你的靈感是什麼？你運用在哪裡讓你獲利？你練習的過程裡面曾經發生過什麼事情？讓你有高能量的產生，讓你無形中提高很多工作效率。

接著就是嗅覺的部分。在這裡嗅覺不僅僅只是香味，或是香水，還有你自己本身身上的味道，都是搭配你吃的食物所散發出來的味道，所以這個味道，也許本來是你身上獨有的味道，而用香水的方式、香氛的方式，讓這個味道更加明顯地揮發出來。如果你可以讓身邊的人知道這個味道，甚至長時間用這個味道讓人產生好感，表示你的嗅覺部分有做足練習。所以當你聞過一百種味道後，你會選定適合自己的味道，而別人也喜歡你這個味道的時候，就表示你這個練習的成果相當不錯。

再來就是你的味覺的部分，味覺這塊我們稱之為飲食的部分，而飲食你可能會覺得說，我只是吃食物而已，跟我的品牌心經術有什麼關係呢？當然有關係！你在選擇食物的時候是透過你的眼睛在選擇，是透過眼睛跟聽覺、視覺的部分來選擇眼前這個食物（用餐的餐廳空間設計、餐廳內播放的音樂、當下選擇的食物），別人在介紹這個食物，你接受之後，你選擇它，把它吃下去，用你的舌頭去感受，你的舌頭會帶動你的情感，舌頭會帶動你身體裡面的能量。當你吃下去之後，身體會反應出這個食物到底行不行，能不能幫你轉換成你身上所需的養分，如果可以的話，是會帶給你長時間精神飽滿的狀態，如果長時間你吃的食物是非常健康的話，你的心情也會一直保持在一個愉悅的狀態。那麼你這個練習就非常地足夠，而且非常徹底。

接著是什麼？「觸覺」不單單只是我在前幾節所提到的石頭、木頭、布這些東西，你甚至要自己去找出一百種不同材質來觸摸，而這一百種材質的東西，你要自己練習並記錄觸摸心得，你的內心會透過觸摸的轉換，讓你的大腦記憶這些材質，這些材質，將來會透過你的回憶，用你自身的專業，再一次重現在你眼前，並且幫助客戶完成案子。 如果你練習足夠的話，每一次你摸到任何材質，你會回想起它是從哪裡來的，這就是你練習足夠的證明，這是「品牌心經術」裡面的「觸覺」。

最後五覺合一，全部一起練習的時候，你就會到一個境界，什麼樣的境界就是「身」也就是所謂的「感覺」。你的心情、你的心跟靈的部分會透過這五覺合一，全部爆發出來，爆發出來的時候，我剛剛有提到你的工作效率會上升，能力會上升。同時不斷地啟動一起練習，同樣執行一百次你會發現，在你的想法裡面會發現這些能量的存在，每一件作品，你都會透過「品牌心經術」灌輸能量進去，不論是客戶、未來看到你作品的消費者，都會感受你滿滿的能量。而展現這些能量代表的個人品牌有：達文西蒙娜麗莎的微笑、蕭邦的音樂、香奈兒香水、米其林餐廳、GUCCI 包包、迪士尼樂園、哈利波特電影城等等。

這些人，都是個人品牌的代表，他們作品每個都充滿著滿滿的能量，並且不斷傳承下去。

如果你到這邊的練習都做得非常徹底，那麼到最後，你就不用擔心獲利的問題，因為獲利自然會來，別人看到你不僅僅只是一名設計師，還是一個充滿自信與能量的設計師。

而人們在你身上可以找到什麼？人脈資源、合作資源、專業技術資源。這些資源都是透過你長時間的練習所換來的，而這些資源都是別人願意幫助你，願意回饋給你的資源，這就是六感體驗的練習所得到的結果。

練習的時候，千萬不要忘記一定要記錄下來，所有的練習都要做記錄，因為將來你有可能會出書，這個就是幫助你出書的題材跟關鍵字。如果當初你不做任何記錄的話，那麼到最後別人跟你提出幫忙，希望你可以教他的時候，你就什麼東西都交不出來，什麼東西都無法教他。

請好好運用這些練習，這都是我自己走過的過程，我自己清楚明白這些過程，甚至體驗過。而我一直在這樣的狀態裡面做練習並習以為常，把它當作一種習慣，我相信你也可以做到。

當你做好這件事情時，歡迎你分享給我，讓我知道我們之間的體驗有什麼不一樣，若是你有了更新的體驗、更新的方法，你也可以分享給我，讓我知道我不是一個人在奮戰，而是有很多的人一起共同努力著。

所以到最後十年過去了，我覺得每一感體驗都很值得，給我的身心靈注入了滿滿的能量，在六感體驗裡面，技能得以全部提升，全部都充盈著滿滿的能量，這個就是我這十年裡面所體會到、濃縮而且淬煉出來的品牌心經術——六感體驗。

透過佛法「心經」的內容，我用心去瞭解它的字意。我每一天都希望我可以參透裡面的一些道理，後來我大概參透了這六個字言、耳、鼻、舌、身、意，剛好符合我自己的專業能力——「品牌心經術」。我把它結合在一起，讓你可以用更簡單的方式了解我是怎麼去運作、了解我怎麼去傳承下來，這個就是「品牌心經術」六感體驗應用的方式。

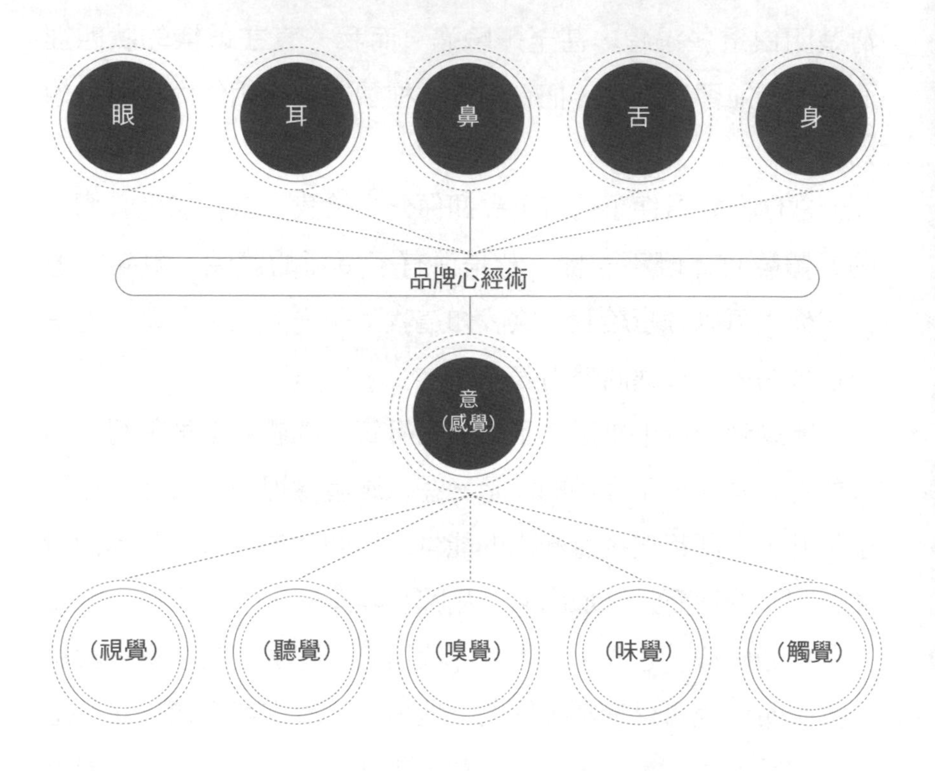
眼
耳
鼻
舌
身
品牌心經術
意
（感覺）
（視覺）
（聽覺）
（嗅覺）
（味覺）
（觸覺）

品牌是一種信仰

品牌就像宗教一樣，它會有忠誠度，而且當每一個人開始依賴它的時候，就會產生強大的力量，當你認為你喜歡的品牌裡面可以給你力量，甚至可以給你帶來生意的時候。就是一種信仰，而這樣的信仰會隨著你一起生活跟你成長，所以你在製作個人品牌的時候，你要以這樣的一個目標為導向。

設計個人品牌，一定要讓別人設法在未來的時間裡面去認識你、迷戀你，甚至愛上你的個人品牌，所以你做完個人品牌的時候，你必須要先喜歡你自己，要先愛上你自己的個人品牌。

在古老的宗教裡面，很多的符號都代表一種意義跟力量，在《心經》裡面也是如此。每一次讀《心經》的時候，其文字都會帶給我力量，淨化我的身心靈，給予我自己的靈魂一些力量，而這些力量在遇到挫折的時候，給我勇氣，給我向前進的一些力量跟能量。

所以在執行「品牌心經術」的時候，你一定要把前面六感體驗裡面的六覺，全部練習好幾百遍，一直到這個階段，你必須要把你的品牌變成一種信仰，讓別人可以愛上你的個人品牌，讓人們看到你的個人品牌就不自覺地迷戀上，所以星巴克在創造自己品牌的時候，原本是以女海妖 logo 為品牌，後來將四周的英文字拿掉，完全使用圖像化的品牌——女海妖 logo 設計。他想要做什麼？他想要所有愛喝咖啡的民眾，除了原本喜歡這個星巴克之外，還必須迷戀星巴克這個品牌，讓每一個人在這裡會有個精神的寄託，能為他們帶來心靈上的安慰。

如果你的品牌可以像這樣去塑造與打造的話，那麼你就已經成功了一半，很多時候我們在打造個人品牌的時候並沒有想到這件事情，因為我們並沒有經歷過「品牌心經術」，我們並沒有去做出屬於自己的一套設計系統。如果你有做出屬於自己的一套設計系統，那麼你的品牌就會產生一種信仰，會給人們一種依賴感與安全感，而這個依賴感與安全感，不僅僅是你自己喜歡，連大眾都會喜歡與愛上。

因為這個所產生的效應與漣漪是相當大的，而且很有威力，請記住品牌信仰的部分，不僅僅只是一種圖像化的信仰，還包括你的行為，你的故事，以及你怎麼去介紹它？你怎麼去詮釋它的存在感？

在印地安民族的文化裡面，他們會把自己的圖騰烙印在身上，因為他們知道，這些圖騰在他們遇到困難的時候，會給予他們力量，而這些力量是相當強大的。而且這些圖案代表的是一種團結的意志。每一代都是這樣傳承下去，每一代他們的種族裡面都有這樣的圖案與圖形還有圖騰，這些都是他們老祖宗的智慧，在他們身上繼續做傳承，他們做這些的意義，就是希望在每一代的人看到這個圖案時，可以帶給小孩、年輕人、長者新的希望。他們想告訴後代，有我們祖先與我們同在，你可以繼續去開創你的未來。

這就是品牌的信仰，所以在原住民裡面也有著同樣的文化，同樣的圖騰。他們代表的意義就是一種文化的傳承、意志的傳承、品牌、信仰的傳承，他們有自己的歌曲，他們有自己的舞蹈，有自己的圖案。

而這些圖案不僅僅出現在他們自己身上，也會出現在他們住的地方，出現在他們所屬的環境裡面，因為他們知道，只要他們打造一個這樣的信仰環境，跟一個視覺設計的環境，他們的力量就會越來越強大，心靈的力量也會越來越強大。

過去，我們並不了解，原來刺青、圖騰、logo，其實它們本身是有力量的，在設計師賦予它新的力量和能量的同時，有一部分的力量會置入進去，而當人們在看到這個 logo 設計的時候，會再給予一次他新的力量，繼而讓這些圖騰、logo 累積更多能量。

這樣的過程是一點一滴累積起來的，人們喜歡它，開始對它產生信賴感。所以品牌信仰就是一種能量的傳遞，而且是一種依賴的傳遞，另外還有一種是力量與力量的結合。它不僅僅結合你自身的力量，還要結合眾人的力量、而結合眾人力量裡面，它還可以幫助你渡過非常多的難關。在你失望的時候，在你失落的時候，在你失意的時候，這個品牌信仰會在你心中給予你療癒的力量。你知道有一個圖案一直留在你心中，而且這個圖案可以給你支撐下去的勇氣。

我在日本旅行時，在神社看到一些非常特別的觀音像(三十三間堂)，那些千手觀音至少有上千尊以上，每尊高度至少都有 2m 高，令我印象深刻。我覺得他們給予了我繼續旅行的力量，讓我在旅行途中，一旦遇到困難，就想起上千尊的千手觀音神像。一問之下，才知道這個神社的歷史至少超過 857 年的歷史，而這個觀音像從百年前就一直傳承到 現在，原來他們有著很深、很深的文化與歷史故事。透過神社的說明，原來在那個日本時代裡面，很多人都依賴這些觀音像在過生活。

而這些觀音像給他們是什麼感覺？是精神上的支持，讓人們可以在艱困、嚴峻的環境下繼續生活，繼續為自己的事業打拚。這 857 年流傳下來的神像，讓我充滿了敬意，也讓我產生深厚的力量。我把這樣的作法運用在「品牌心經術」裡面，幫客戶設計產出有力量的 logo，而且是能傳承的 logo，這就是「品牌信仰」。

所以一個 logo 設計好之後，它會隨著時代去成長，logo 的使用壽命是十年，十年會轉換一次。而十年會蛻變一次，十年裡面 logo 也會不斷成長，甚至會伴隨著時代一起進步，所以宗教、原住民印地安人他們身上所屬的圖騰，也會隨著時代去精進、去改變，甚至給予後代一些更新的力量。

而我在日本的時候，也同樣看見這樣的文化，他們非常講究這些圖案的呈現方式。比方印在布上面的感覺，要如何詮釋，布跟圖案中間如何產生共鳴等等。比方印在盒子上面的感覺，他們要挑選什麼樣的紙張才適合這樣一個百年的圖案。比方他們刻印在木頭上，用什麼樣的職人雕刻師，才有辦法去「承受」這樣的百年圖案，去詮釋這個圖案的力量，而這些全部都是屬於「品牌信仰」的部分，而這個品牌的信仰，你要認真地去思考，你要給予他力量。在人們失落的時候，把這個圖案借給他，讓他去使用，讓他重新充滿力量。

有一個運動品牌是這樣子的，NIKE 給予運動者速度，再加上一種加速的力量，每一次跑者穿上 NIKE 的運動鞋時，彷彿有另外一股力量注入跑者的身體裡面，讓跑者跑起來更加順暢、快速，跑起來更加有效率。或許只是心理作用，而或許只是跑者自己一種情感上的轉移，無論如何，這一個品牌確實會帶給運動者一種精神上的寄託、一種精神上的安全感。

所以你在設計個人品牌的時候，一定要思考到這一點，你的個人品牌 logo，可不可以讓別人有依賴和寄託的舒服空間在裡面。

還有能不能讓別人感動，以及想要傳承下去的想法。因為人們願意傳承你的品牌信仰，等同於傳承你的想法。你的後代子孫會因為你的「個人品牌」而不斷獲利並過上好生活。

美洲印第安人

30 個人化品牌的重要性

林肯、牛頓、愛因斯坦、愛迪生、拿破崙，他們都一個共同的特色，那就是，他們都是「社交高手」，他們在每一次做決定的時候，都會做一件事情，就是讓更多人知道他們要執行的計畫。所以在那個時代裡面，這些人全都是演說高手。每一次，他們在說出自己夢想的時候，都能說動一些人拿出資金來投資他們，完成他們的夢想。

因為他們做了這件事情，是以個人品牌在執行自己的夢想，所以吸引很多人贊助他們的夢想。他們個人品牌的夢想與民眾的夢想產生共鳴效應。民眾知道，如果我選擇這一個人，他可以在未來帶給我非常多的好處，所以民眾願意去支持他，跟隨他。

所以林肯、牛頓、愛因斯坦、愛迪生、拿破崙做了決定執行計畫之後，確實也幫後世的人開創了一個非常棒的局勢。不論是發明，不論是政治、相對論都好，這些人都在個人品牌化的時代裡不斷地去曝光自己，讓自己發光發熱，甚至在歷史上留名，也真正照顧到後世的人。所以我們在做個人品牌的時候，一定要持續地讓別人知道我們在做什麼事情。

個人品牌化時代，你一定要在剛開始的時候，就讓別人知道你想做什麼。比方說，我要開始設計自己的個人品牌 logo，我就會跟身邊的人說，我要開始設計我的個人品牌 logo。我在什麼時間點，會做什麼事情，要在何時完成它。我的親朋好友跟客戶就會開始關注我或提醒我有沒有做好這件事情？想要知道我說的是真的？還是假的？

如果你真的做到了，那麼親朋好友和客戶會以你為榮，為什麼？因為你不但幫企業設計好企業的 logo，還有幫自己設計個人品牌 logo，他會覺得很驕傲，甚至幫你做宣傳。

所以，不要閉門造車，不要自己躲起來設計個人品牌 logo。你要讓別人知道你在畫 logo 的過程跟草圖，分享一些製作過程，讓別人也可以一起參與你的夢想。你想想看，為什麼國外有一些設計師會在執行 logo 設計時公佈自己的一些設計過程或草圖，為的就是增加個人品牌的魅力，想讓更多人知道他在做什麼事情，見證他努力的過程。

這樣一來每一個人都會知道，原來他是一個品牌設計師，專門在設計 logo，設計 logo 的同時，畫一百多個草圖，這一百多個草圖裡面，會精選五個草圖來提案給客戶。這樣的過程會讓民眾產生共鳴感，有了共鳴感，獲利就會變高，轉介紹的機會也會增加，因為你的努力過程值得被肯定，而不是只有結果被肯定。所以個人品牌化是相當重要的，因為它不僅僅只是一個過程，不僅僅只是一個結果，它是一個結果＋過程的一個成果。

愛因斯坦、牛頓那些偉大的人物，他們都會把自己整個努力的過程讓所有的人知道，甚至他們每一個階段都會釋出一些好處，讓那些對他有好感的投資者，可以一起參與他的計畫、共同參與他的夢想，所以他們會不斷地擴大自己個人品牌的魅力，不斷去建造自己的夢想，甚至幫助更多人，這就是個人品牌化的重要性。

當你做好這件事情的時候，你不只是在做自己的個人品牌，你是在幫助很多人在做個人品牌，甚至你可以教別人怎麼執行個人品牌，應用你身體的能量，運用你六感體驗的訓練，運用「品牌心經術」，運用你的設計系統幫對方設計一個屬於他自己個性化 logo。

一個、兩個、三個、四個，持續做下去，你可以影響的層面就會越來越廣。而且相對的，你也可以從裡面學到非常多的東西，甚至你可以幫助對方創造獲利，也可以幫自己創造獲利。

你做好對方 logo、做好自己的 logo 都是個性化的個人品牌 logo，你們也可以互相合作去曝光彼此的生活圈。然後透過內心的力量，透過你自己高度的敏銳感，幫助對方也提高這方面的敏銳感你們也可以一起學習，一起訓練，一起提升生活品質與居住環境。本來你可能居住在一個比較簡陋的地方，或者你可能住在一個很小的辦公環境裡面，而後來你透過個人品牌化的一個 logo 設計跟規劃，還有品牌心經術的練習，最後你換了一個環境，還將辦公環境升級了。

甚至一個工作環境裡面還有不同產業的人與你合作，而每一個產業的人都有擁有自己的個性化 logo，而這個 logo 還會幫他說故事，幫他創造利潤。

每一次這個 logo 在一個周邊商品上面呈現的時候就有機會獲利，就有機會幫你打廣告，在社群媒體裡面，有些人就常做這種事情，他們在做自己個性化的品牌跟周邊商品，他們不但做得還不錯，還非常有影響力，這就是品牌個性化的重要性。

舉例：幾米是台灣知名的插畫師，他用繪圖的方式，把自己內心的一些渴望跟感覺全部畫在他的作品裡。你可以透過畫冊去了解他內心的感受，是他很深層的內心世界，他願意跟讀者分享，繼而獲得不少民眾的共鳴。所以幾米的畫作，可以撫慰人心，可以安慰我們創傷的心靈，甚至讓我們充滿電力，能讓我們釋懷，原來生活就是這樣子，哭一哭，笑一笑就好了。

所以國外很多的插畫師，創作裡面都具備療癒的作用，因為他們用自己的能力，雕塑出個性化的品牌，雕塑出個性化圖案，讓每一個人在接觸他們作品的同時，都有一種撫慰人心、撫慰靈魂的感覺。

當你去看展覽，你看到博物館裡面所有的作品，你也很清楚，有一些作品就特別與你有共鳴。有一些作品就是特別能撫慰你的心跟安慰你的心靈。當你產生這樣的共鳴時，我建議你好好地記錄下來，因為這對你來說相當重要。在你未來創造個人化、個性化品牌的同時，這些作品就會深深影響你，能帶你到不可思議的世界裡，讓你可以穿梭到一、兩百年前這個畫家的時代，體會他的心情，甚至跟他產生共鳴。

你知道了這件事情的重要性，你就必須把這些事情好好整理並執行，當然說了這麼多，唯一最重要的就是「堅持」。因為你堅持才顯得重要。因為你堅持，你的生活才不會浪費，因為你的堅持，你的未來將會無可限量。因為你的堅持，也讓身邊的人覺得你很重要，你的堅持可以打動很多人心，你的堅持能喚醒所有人的善良，你的堅持是你必須要做的堅持。

剛開始可能會覺得好像吃虧了，到最後十年過去你會越做越好，越做越完美，而且越做越舒服，越做越輕鬆，讓你在未來的日子裡面，你想跟誰合作，就跟誰合作，你想要做什麼事情，你的一個決定就會產生獲利。

為什麼你會這麼自在？因為你在十年前就做了「品牌心經術」的一百次練習，一百次的練習裡面，你全部都有記錄下來。而且這些記錄只有你有別人沒有，而且這些記錄你也打算做傳承，所以你做了記錄加傳承，讓你現在能體驗這樣的輕鬆生活。

★ 個人品牌定位練習 ★

1. 你的品牌將如何使人們察覺到？
2. 是什麼讓你與眾不同？
3. 你的核心信念和價值觀是什麼？
4. 你想要哪種類型的受眾文化？
5. 你可以提供哪些技能？
6. 你的個人成長故事？
7. 你的理想的客戶是誰？
8. 你的影響力如何展開？
9. 你的產品，服務或品牌是否給人們帶來了轉變？
10. 你的個人品牌可以解決什麼問題？

讓你的名字成為最響亮的品牌

林肯，美國史上最偉大的總統，在解放黑奴之後被暗殺。而他的名字永遠留在美國人心中，因為他廢除奴隸制，實現了讓所有美國人人人平等的生活，所以他的名字能一直流傳到到現在，甚至美國人民為了紀念他的壯舉，還為他立了雕像。

所以在製作個人品牌的同時，你要想能不能讓自己的名字成為最響亮的名字？不要說不可能，因為很多人都認為不可能的事情都實現了。甚至林肯在年輕的時候看到主人在欺負黑奴的時候，林肯就下定決心對自己說，我一定要讓這種行為從此在我的生活中消失。而後來林肯當上了總統，順利地廢除黑奴制。也因為這樣引起了黑奴主人們的不滿，最後不幸被暗殺。而你的故事可不可以做到這樣地讓人記憶深刻，能不能讓後世的人不斷地去傳頌與敬仰。

因為網路時代的盛行，因為社群媒體大行其道，所以我們做任何事情都會被放大，而且我們的所作所為，大家都在看，即便你只是一個小小的人物，即便你可能只是一個平凡人，只是一名小小的設計師，你也有可能因為你的專業能力來影響這整個世界，甚至可能讓美國那邊的報紙媒體注意到你在台灣的所作所為。你願意為這個國家、為這個世界出聲的話，那麼別人就會記住你。別人會記住你，是因為你有影響力，你願意來擔這個責任。你願意承擔這個社會的輿論與壓力，因為你有這樣的骨氣，有理想、有抱負。所以你在製作個人品牌化定位的時候就相當重要，問問自己，你要把自己定位成什麼樣子？

以我自己個人而言，我把自己定位在「爆發力」、「親切感」、「愛心」、「奉獻」。爆發力是因為我自己本身有在健身。當我在健身的時候，我會不斷地鍛鍊自己的肌肉，讓自己的肌肉變得結實有力，所以我在爆發力這一塊其實是相當有自信的。在「親切感」這部分，在開口說話時我給人的感覺是滿有親切感的，而且是比較溫柔的那一種，我會傾聽客戶的需求，會了解客戶的需求，做記錄，從紀錄裡面激發出靈感，並適時回饋給他意見，幫他規劃品牌設計，這個就屬於親切感的部分。

「愛心」是因為我自己會用同理心的方式去感受一下對方的需求，還會先幫他想好他可能會遇到的一些問題，再給他一些建議，在未來的規劃裡，讓他可以走出一條自己的路。

「奉獻」的部分，其實有時候我會去幫助別人，用自己的專業去幫助別人，或許別人可能不會發現這件事情。經過一兩年之後，他才發現這件事情，原來當初設計師幫他做了這麼多的事情，這個就是我「奉獻」的部分。

所以你的品牌魅力在哪裡？你個人品牌的定位在哪裡？人

們能不能記住你這個人的名字，並且把這個個人品牌後面的故事再繼續講給其他人聽，一個接著一個，不斷地去建構個人品牌的魅力、個人品牌價值、個人品牌故事。

如果連林肯都這麼做的話，為什麼你不這麼做，所以你在做任何事情的時候，一定要想到後面的結果，你能不能讓更多人知道你的名字，能不能讓更多人知道你的 logo 長什麼樣子，能不能用你的專業能力，讓世界更好，你要知道，個人品牌一樣會有影響的魅力。

只要你敢想，敢做，有行動力，你就可以改變。只要你有這些想法，千萬不要吝嗇分享出來，要讓更多人知道，甚至讓你身邊的同業知道，你正在做這件事情，他們會因為你的影響，也開始去製作個人品牌 logo，他們會因為你每一次在社群媒體 po 文的時候，開始反思，我是不是應該要設計一個屬於自己的個人品牌 logo，以便未來跟別人合作的時候，就有機會將自己的 logo 推出去，讓自己獲利。

你可不可以思考這件事情，讓這件事情真正落實發生，所以林肯在做這件事情的時候已經思考到未來好幾個層面，可能會有負面抨擊，可能會遭受排擠，但都沒有關係，因為他讀過莎士比亞全集，以及一些歷史，那些歷史的教訓，都能直接激勵他前進的勇氣。他始終堅定一個目標，就是要廢除黑奴、人人平等，大目標出現後，任何在過程裡面遇到的困難，都不是困難，決定之後，他的目標就一直設定在那裡，不曾改變。他也知道這麼做是對的，因而幫助美國啟動一次大革命。

在打造個人品牌的同時，你的名字會造就你事業走得更順的關鍵，就像自我介紹一樣，別人要先知道你的名字，才有機會幫你介紹給別人。你要讓你的名字成為最響亮的名字，有時候名字本身就可以幫助你帶來獲利，因為有很多人知道你這個人的名字之後，甚至想要使用你的名字的時候，你的價值就出來了，你的名字就是一個品牌，你的名字就能獲利，加上你個人品牌 logo 形象，能讓你的個人形象更加完整且全面，讓全世界的人都想要去使用，想藉你的名字去獲利，用你的名字讓更多人知道，並提升他們自身的事業，你的名字就代表一個信譽的保證。

也許將來，別人想要使用你的名字還要付費，所以你要讓你的名字成為最響亮的名字，喚醒名字裡面的那一股強大的能量，讓你的名字不斷地被傳頌，不斷地被使用，只要越多人知道你的名字，你獲利的機會就會越大。

在這個世界上要成功，不是你做了多少事情，而是你用你的專業幫助了多少人、你幫助的人數等同你獲利的金額。如果你每月至少可以月入十幾萬，表示你幫助的人或許就是十幾萬人以上。如果你月入百萬的話，表示你幫助的人數就越大，因為你幫助到更多的人，這些人會因為感激你而願意付酬勞給你。你會在每一個產業裡都被看見，因為你的影響力一直在擴大。你的 logo、你的專業、你的名字全部集合在一起，而這些過程，都是你辛辛苦苦記錄下來的，別人才有機會完整拿到你的名字跟個人品牌形象的所有資料，繼而讓他們有機會持續獲利。

而真正的個人品牌，是你的名字在幫助你賺錢，你的名字讓你更加輕鬆，所以請不要讓它染上負面的消息跟新聞。你的名字必須要讓別人可以朗朗上口，甚至你可以創造出一個屬於你自己的品牌故事，讓別人能快速記得你，讓別人願意幫你做介紹，讓別人喜歡你的名字，讓你的名字可以被推廣到全世界，讓大家都記得你是誰。

到最後貴人引薦的時候，你的名字會第一個被想到，因為你曾經幫助過無數的人，所以別人願意給你機會，讓你站上舞台。

你的個人品牌可以讓人們建構出信心，影響更多人，也可以透過你的深入影響力，讓很多人願意跟隨你，幫助你事業成長。

而我也是運用這樣的方式，重新建構自己的名字跟品牌形象，讓很多人在剛開始認識我的時候，就可以快速從介紹裡面了解我，並且幫我引薦更多資源。

2014年 日本京都-三十三間堂 不打稿原子筆速寫

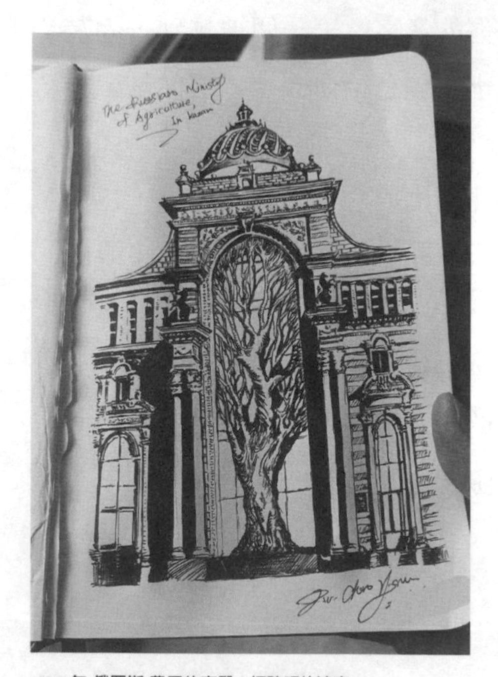

2021年 俄羅斯-農民的宮殿（網路照片速寫）

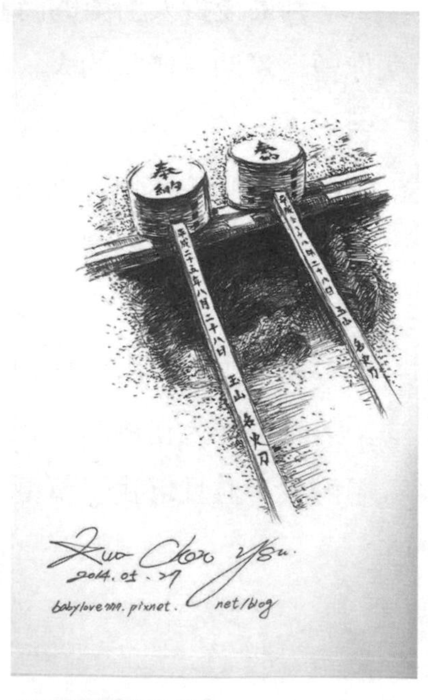

2014 日本京都旅行 速寫

個人化品牌的合作獲利時代

PERSONAL BRAND
MAKES MONEY FORMULA

32 個人品牌 IP 視覺化

在設計 logo 的時候，不知道怎麼去尋找靈感，也不知道怎麼去設計自己的 logo ？你是不是也有這樣的困擾？前文中提到品牌心經術，就有講到怎麼去喚醒自己內心的能量，所以當你學會了怎麼喚醒那些內在能量時，使得感官變得敏銳之後，你會發現一件事情，就是你的吸收能力變強了，吸收知識的能力也變強了。

那麼，我在這裡想繼續幫助你，幫你把個人品牌形象的概念激發出來，把你個人品牌的 IP 全部視覺化。何謂 IP ？ IP 就是代表你個人的身份證。你出生之後，你的爸爸媽媽會到戶政事務所辦理登記，你就會有一組屬於自己的身分證字號一直到終身，就像個人品牌一樣。

在你做個人品牌的時候，你也要幫自己的個人品牌 logo 塑造一個身分，他出生時就像新生兒一般，你要不斷地去培育他、養育他，讓他長大成人，如同身體的一部分一般，有血有肉地生活著，而他存在的目的，就是為了要幫助你拓展事業，匯聚更多有利於你的資源，讓你在工作上、事業上更容易被看見、被注意到。個人品牌 logo 就是有這樣的魅力存在。如果你也意識到這個的重要性，你就必須把個人品牌 ID 視覺化，讓更多人有機會看到它的存在。讓它也能幫助你的人際關係越來越好。

假使你想不到個人品牌 IP 名字，你也可以從另外一個角度去找靈感，答案就是你的護照，很多時候我們在設計 logo 的時候不知道去哪裡找英文，沒有關係，拿出你的護照來看看，用你的名字的每一個英文單字開頭第一個字母，去結合成自己的 logo。

比方說，你的生肖屬狗，再結合自己的英文名字，設計成 logo。好處就是你一輩子不會忘記，而且你也容易讓別人記得，更可以強化品牌故事。因為這是結合你的英文名字跟生肖所設計出來的個人品牌 logo，你就會覺得它非常有力量，因為對你來說，英文跟生肖是你專屬的，當你用英文加上生肖去設計 logo 時，你會非常有信心！因為這個 logo 的屬性跟你非常貼近。

個人品牌的 logo 就是可以從你的個人 IP，也就是你的身分證、你個人的護照去找出靈感，當你擷取了你的身分證號碼以及擷取你的護照英文名字時，你就可以做出非常多的變化，繼而觸發你更多的靈感。

這也是在「品牌心經術」裡面講到，其實你應該對你周遭的一些事物產生高度的敏銳感，繼而激發更多靈感。當你學會了品牌新技能時，你就可以應用到你個人品牌，而個人品牌不但可以代替你發聲，也能不斷累積你個人價值。另外，當你持續使用這個個人品牌的 logo 的同時，就能賦予他更多的能量，讓更多人有機會體現出他的高度價值，與活力的展現。

再舉個最簡單的例子，當我自己在設計個人品牌 logo 的時候，我設定我自己的一個英文名字縮寫，我的英文名字縮寫是什麼？是 JK，JK 就是，Jackson and Kuo。Jackson 是我自己的英文名字，Kuo 代表了領土，就是漢字的「國」。所以把 J 跟 K 結合在一起，做成一個 logo 設計。

用這樣簡單英譯的方式，你可以自己再加註一些品牌故事進去或更多的字意進去。因為我的 logo 設計 JK 裡面就包含了漢字的水以及回朔時光帶子的箭頭，還有就是英文的結合方式，J 跟 K 合在裡面。

一個 logo 設計，若是你能設計四至五個故事在裡面，那麼這個 logo 設計就相當成功，而且記憶點也會相當高。因為你有故事，又結合了個人 IP 拼字，所以能讓人印象深刻，別人會覺得很有意思，也容易記住。

當你做好個人 IP 視覺化後，接著要做什麼呢？那就是好好地去驗證這樣的方式是否有效果，這種設計方式是不是別人可以接受的？別人是否看得懂你在做什麼樣的形象設計？而且當你在陳述的時候，別人是否可以馬上吸收，甚至能轉身就介紹給他身邊的朋友知道——「我有一個設計師朋友，他做了個人品牌化 logo、他的 logo 設計得像精品，如同漢字的「水」有趣的是，又結合英文字。我跟你說一下他的 logo 是什麼設計理念、有什麼含意，有哪些品牌故事？……」而我朋友可以快速地傳遞我的品牌故事、快速地轉述我的品牌故事，這就是個人 IP 視覺化的重點。

身分證號碼、護照是跟著你一輩子的，你不會輕易更動它，當你把這兩個元素結合在一起時，就完成了自己個人品牌化的視覺設計。

而且你有你的專業能力，還有你的思維去詮釋它的存在，詮釋它的故事，所以別人看到你這麼做的時候會覺得你很特別，會好奇你怎麼會想到用這樣的方式在經營自己個人品牌。因為你閱讀了前面幾章的內容，學會了設計思維，學了打造系統，所以，你就直接把你個人化的一些身分跟號碼置入到你的個人品牌 logo 裡做規劃與設計。並且呈現一個完整的個人品牌形象出來，所以當你做好這件事情之後，它會二十四小時幫你工作，在你睡覺的時候也努力幫你工作。甚至有人很喜歡你的 logo 設計，也幫你傳遞，幫你轉介紹，使你的生意越做越大，生意越來越好。因為一個無形的資產視覺化，變成一個有形可見的資產在幫你二十四小時工作，隨時隨地為你帶進生意。

舉個例子，為什麼有些服裝設計師要做自己個人的潮牌跟品牌？就是希望在紐約時尚週裡，作品被一些投資人看見，進而投資自己。如果有機會拿到投資人的一些資金的話，那麼他在紐約時尚週就會爆紅，他的個人品牌的衣服就會被放在最醒目的櫥窗展示，豎立在人潮最多的地方，所以很多的服裝設計師都會做自己個人品牌的服飾與配件。

服裝設計師如果有投資方投資，整個事業就會隨之起飛，事業發展起來之後，他可以做自己想做的事情，例如限量的衣服等等這些都是服裝設計師常做的事情。另外，還有一些像廚師或是麵包師，他們參加國際比賽，贏得大獎，在台灣或是在亞洲地區開設自己的麵包店，甚至用自己的名字來做個人品牌 logo。例如「吳寶春」麵包師，他在得到國際大獎之後回來台灣自己開店，之後別人想代理他的品牌名稱，用他的品牌名稱去開分店。所以只要做好一件事情，就是技術傳承的把關，然後好好經營個人品牌，讓它擴大，讓更多的媒體喜歡它、報導它，生意自然就會越來越好，加盟生意也會跟著好起來，因為你把自己個人品牌跟吳寶春品牌綁在一起，所以當你代理他的品牌時，你就可以不斷獲利、持續有進帳與資金的注入。

整個過程其實是非常快速的，因為在早期他已經先把自己個人品牌 logo 跟規劃設計好了，所以只需要在簽合約的時候，清清楚楚知道要怎麼去運作品牌，並按照合約手冊裡的步驟進行開店，就能開始運作品牌，甚至還幫你打廣告，幫你找媒體。這些事情都是不需要你去操心的，因為他自己本身就已經做好了個人品牌規劃的設計系統，做好了設計通路，甚至也做好了品牌心經術裡面應該做的練習。

當你學會怎麼運作個人品牌之後，客戶或合作方就能非常快速了解你，而且一拿到你的資料，馬上就能複製，立刻能幫你做品牌經營。你也不需要再勞心勞力去找案子、去開會。但我相信偷懶是正常的，因為不熟悉，有時候你就是要馬上起身動起來，馬上去擬定這個計畫，立刻去做品牌心經術裡面的練習，才會知道哪裡需要修正，哪裡還有改善的空間。

練習完，你心裡的能量會提高到一個程度，會想要去做自己個人品牌 logo 設計，因為你會把所有能量全部加注在這個 logo 裡，讓這個 logo 發光發熱，甚至幫你帶來更多生意。

這個就是個人品牌 IP 化的最大的重點，就是讓別人看見你——運用品牌心經術，再運用你的專業能力、專業系統以及你自己個人的魅力加注在這個 logo 視覺設計上，然後這個 logo 曝光度擴散就可以幫助更多人，也能助你賺更多錢。

打造屬自己的個人品牌視覺規劃，可以快速讓別人幫你帶入理想的生意。

33 個人品牌與個人品牌合作的魅力

當你有了個人品牌 logo 的時候，你就要開始思考怎麼去跟別人合作。

你可以上網搜尋一些你喜歡的產業類別，以及你想要合作的對象。這時候有很多人在觀察你，那麼你自己就要認真篩選，認真去思考你未來想跟誰合作，合作的目的是什麼？合作的目標又是什麼？

好好思考這樣的問題，因為本來你的專業能力就已經具足，經驗也夠，你有豐富的設計經驗、豐富的專業素養。這些經驗你要放在網路上讓別人看見，如果別人想要搜尋你、知道你、認識你的時候，都是透過這些你認真整理過的網路資訊來認識你。

個人品牌建立之後，你就要開始持續不間斷地去累積自己的數位資產。舉一個最簡單的例子，有一些明星球員，他們會跟藝人合作，在開場的時候，藝人會先唱歌，唱完歌之後明星球員才開始出來打球，而這樣的加乘效應是什麼？這樣的加乘效應就是歌手的粉絲以及球員的球迷，會一起相互分享自己的知識圈、生活圈，甚至會在個人動態裡開播。這樣就會有更多人會看見這個歌手的演出，以及明星球員的籃球賽事。

這樣操作的好處就是本來可能只有一萬人、兩萬人看見，但因為有了明星的加持，有了歌手的演唱，可能就直接爆衝到十萬人都知道了，甚至看了這場賽事。可能你本身是歌迷，而後來你看了明星球員在打球，也轉粉成為明星球員的球迷。所以這樣的引導作用跟加乘效果，就是個人品牌與個人品牌合作的魅力，我們千萬不能忽略這樣的合作策略。

有更多人看見你的品牌，影響力就越大，獲利機會就會越大。你們可以互享粉絲，讓更多人認識你，提供你個人品牌價值。

再舉一個最簡單的例子，有一些虛擬人物，比如說小叮噹（哆啦 A 夢），小叮噹在過去五十到八十年之間，已經存在這麼久的時間，他擄獲了大多數兒童的心，中年人的心，甚至老年人的心，男女老少全都被他擄獲，因為小叮噹用百寶袋裡的道具實現了所有的不可能，讓我們的幻想可以透過小叮噹的世界得到釋放。

為什麼他有這麼大的魅力，因為他滿足了所有人不可能滿足的夢想——冒險的夢想、有趣的夢想、百變的夢想，以及化不可能為可能的夢想。他帶著大雄、靜香、胖虎、小夫等人去冒險，而這些方式、這些冒險都是大人、小孩所渴望的。

那小叮噹跟誰合作呢？他跟其他的一些動漫的影迷以及動漫的人物合作，比方說，小叮噹可能會跟航海王合作，可能會跟七龍珠合作，這樣就能把航海王跟七龍珠的漫畫迷導入到小叮噹裡面，小叮噹的一些漫畫迷也會導入到七龍珠與航海王裡。

為什麼要說漫畫的例子？因為漫畫老少咸宜，小朋友愛看，大人也愛看。而漫畫人物本身就是一個個人品牌的建立，小叮噹本身就是個很強的個人品牌，七龍珠、航海王也是一樣，都是個人品牌非常強烈的存在。當這些漫畫人物在一起合作或是 cosplay 參加大型活動時，就可以擴大影響力，獲利的機會自然隨之提升。

再舉另外一個例子，「名偵探柯南」，柯南是個少年偵探，描寫他被黑衣組織用毒藥變成小孩子，於是化名「江戶川柯南」，他帶著少年偵探團查案並破獲了不少重大案子，並試圖滲透黑衣人組織的歷史，所以名偵探柯南從原本的一集兩集三集到第十集、到一百集的過程，中間都會穿插一些個人品牌與個人品牌合作。比方說，名偵探柯南跟怪盜基德合作，之後又跟別的漫畫人物合作，這樣的影響力更大、更遠，而且長尾效應更高，還有周邊商品也幫漫畫家跟出版社帶入更豐厚的收入。

當我們在思考如何用個人品牌與個人品牌合作的時候，你要想的是你如何接觸你的潛在消費者，而且你可不可以運用對方的一些潛在粉絲圈來導入自己的生活圈？通常這樣做的加乘效應是非常高的。

你看小叮噹、七龍珠、航海王、名偵探柯南的例子……，這些人物全部都是因為他自己個人品牌開始發酵時，慢慢地開始往外擴張，與更多的個人品牌合作，因為他們知道個人品牌的魅力可以長到十年、二十年、三十年到五十年甚至一百年。這些人物會一直存在，因為他能滿足大眾的需求，不斷讓大眾知道他們的進步、他們的可看性，了解到他們其實有未來感。

所以小叮噹一直在強調一件事情——我是從二十二世紀的未來過來的機器貓。為什麼故事要這樣設定，因為小叮噹想要帶著人們到未來去體驗，想要帶人們去未來嘗試一些不可能的事情，所以小叮噹具備了這樣一個未來感的故事。

當你清楚知道要如何運作個人品牌魅力的時候，你就要開始去篩選這些合作的對象，而這些合作對象其實也在篩選你。你們互相在篩選彼此，當你有了自己的數位資產影片，甚至有個人粉絲團時，那些合作對象選中你的速度就會越快。

還有一些例子，比方說歌手會為歌手站台，有一些歌手的演唱會會邀請嘉賓來站台，為的是什麼？就是增加自己個人品牌的價值。受邀的嘉賓非常有名氣，可能上台只有五到十分鐘，光這五到十分鐘的魅力，就足以讓現場歌迷瘋狂。當你邀請到重量級歌手的時候，你本身的魅力跟價值就會提高許多。所以為什麼有些媒體，有些藝人都在積極做這樣的事，因為他們希望可以在自己的領域、工作圈快速竄紅。快速竄紅之後，就可以接更多的廣告代言，增加更多的收入。

如果你是一名設計師，你可不可以為自己去設定這樣的一個舞台。你可不可為自己設定這樣的一套流程跟系統來跟別人合作。比方說，剛開始你花了三年的時間去經營自己的個人品牌。到後來三年、五年的時候，你開始思考想要跟誰合作，而剛好那個人也是在三年內建立個人品牌，而在第五年的時候想要尋找合作對象，剛好就遇見你，你們會很慶幸之前努力的過程，會珍惜未來的合作機會。

而有些網路主持人本來是代理一些商品來賣，而後來發現買的人數變多，於是他就開始建造個人品牌，而另外一個網紅也是如此，本來是代理一些商品來賣，後來發現原來粉絲跟的不是商品，而是他。於是這個網紅也跟另外一個網紅開始合作，而這樣的合作方式就會更大、更快，而且更具備價值。

加速合作的情況下，粉絲團人數會更高，而且粉絲會介紹粉絲，能帶更多人來捧場、消費。如果兩個人一起站台的話，那麼這個粉絲的加乘效應就急速飆升。

這是一個社群媒體跟網路的時代，個人品牌與個人品牌的合作是勢在必行，而且是一定要做的事情，未來會非常普遍。未來所有人都是打個人主義跟個人品牌的一個呈現方式跟視覺在經營自己的個人事業。他們本身就會有自己的 logo，本身就會用自己的 logo 去談條件，去設計周邊商品，去做更多系統化的服務，因為他們的個人品牌具備價值與高度。

當你知道如何去製作個人品牌，當你知道怎麼運用品牌心經術去內化自己能量，去擴散的時候，那麼你跟別人一起被看見的機會就會相當高。

現在就開始思考，你要跟誰合作？思考你合作的對象是不是跟你一樣有著相同的興趣，甚至他可能在其他國家一樣有影響力，而你在自己的國家一樣有影響力，有兩個有影響力的人，分別影響不同國家的民眾，影響不同國家的粉絲，就能達到跨國級別的影響力。

這個就是個人品牌與個人品牌合作的魅力與效應。讓你的事業可以越做越輕鬆，越省力。

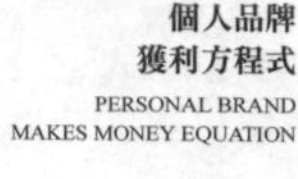

34 用最短的時間曝光個人品牌

在你建立個人品牌、在你和別人合作的時候，你同時可以做一件事情，那就是參加比賽，參加各類型國內外的設計競賽。比方說，我是一名設計師，我就會去參加海報設計比賽、logo 設計比賽或是國際的包裝設計比賽。這麼做的好處是你可以在你獲獎的時候上台領獎，讓別人容易看到你的存在，讓更多人認識你。

我從國小開始，就不斷參加校內外比賽，當時我並不曉得要經營個人品牌，我只知道我的興趣就是比賽。我想讓更多人看到我、知道我，所以我積極參加比賽，即便沒有得獎，也是累積經驗、作品的好機會，而作品也可以自己保存下來，有利於將來升學使用。後來因為持續有參加比賽，也更了解比賽的遊戲規則，甚至知道評審比較偏好什麼樣的作品，我投其所好，針對這點去設計，獲獎的機會就提高許多，短短時間裡也幫我累積很多曝光的機會。

從國中開始一直到高中甚至大學，我不斷參加校內外比賽，為的就是希望多累積一些作品。除此之外，我希望讓更多人看到我，所以我積極參加比賽，也讓很多校內老師因此認識我，甚至會找我設計一些校外的小案子。這就是我用最快曝光自己個人品牌的方法，這個就是我在學校時候運作的方式。

出社會之後，我依然積極參加比賽，一樣會有得獎的機會，而同時很多的客戶看見這些戰績，自然會想要跟我合作，因為我的作品得獎了，對他們而言，得獎就是一種第三方的保證，他們自然可以放心地把案子交給我去處理，而客戶也可以跟他的客戶說這是得獎設計師的作品。

另外一種方式是參加指標性活動。比方說，金馬獎，為什麼有些藝人，就算沒有被提名，他們也想要去參加金馬獎，因為也許鏡頭會帶到他，那就是他的曝光機會，他可不可以把這個難得的畫面截圖下來，放在自己的個人粉絲團，說我去參加金馬獎，同時我也出現在金馬獎的晚宴上面，那張被鏡頭帶到的畫面就能增加他的個人價值與個人品牌的魅力。所以參加任何國際性的活動，都可以幫助你在社群媒體上快速曝光。

除了用比賽曝光自己，參加一些指標性活動曝光自己，還有什麼方式可以快速曝光自己的個人品牌呢？比方說，我可不可以用專業能力來幫公益團體做設計？我舉個最簡單的例子，我曾經和靖娟兒童基金會有合作，幫他們設計一個 logo，為靖娟兒童基金會的子品牌 IBABY 設計 logo。IBABY 是我在十年前設計的 logo，當時因為他們想找一個比較有經驗的設計師，透過朋友轉介紹找到我。當時我非常用心地在設計這個 logo，我想要設計的 logo 是這樣子的，就是一個小朋友討抱抱的姿勢，由下往下看，也就是所謂的長輩跟爸媽的視角。看到這個小朋友，小朋友是抬頭的姿勢，把雙手張開想要討抱抱的姿勢，而這樣的一個 logo 設計受到大眾喜愛，而且一直沿用到現在。（愛寶貝親子網 www.ibaby.org.tw）

和公益基金會合作，可以在最短的時間內曝光個人品牌，所以如果你剛好有認識一些公益團體跟公益組織，你也可以用交換資源的方式來跟他們合作，爭取快又有效的曝光。

因為公益的性質是幫助別人，助人為快樂之本的方式來進行資源交換，當然公益團體也會幫你把個人品牌 push 出去，等同於免費的廣告，免費廣告是非常具有魅力的，非常有價值，別人願意主動幫你去做推廣，願意主動幫你去做廣告，這是非常難得的一件事情。所以，參加國際性比賽，參加一些指標性的活動，以及參加一些公益性質的活動，這三種方式都可以讓你在短時間內曝光自己的個人品牌，而且不用花太多力氣，也能順利推廣。

當然有一些方式，你也可以曝光自己個人品牌，在最短時間內爆紅，而爆紅的方式其實非常多種，我建議你用正向的爆紅方式。比方說，你可能接上了一些時事的話題。就像之前疫情的關係有一些時事的話題，當然有一些時事話題是一瞬間的爆紅，所以你必須要思考所謂的長尾效應。因為你要讓這個議題爆紅，具備一定的參考價值與使用年限。甚至一直沿用到一年、兩年、三年、四年、五年後，人們還會繼續討論你，人們還知道你曾經做過的事情，就是所謂的長尾效應。

其實除了剛剛所提的那些方法之外，你還要好好思考一下，哪些方法是讓你最不費力的方式，如果要花很長時間準備，或是影響到本來的工作，那就本末倒置了。

有些人會覺得比賽比較耗費心力，又不見得會得獎，那麼就可以捨棄比賽這個項目。有些人覺得說，我工作非常忙，哪有閒工夫參加一些活動或指標性活動，而且我也不喜歡應酬，那也沒關係，也可以不考慮這個方法。或者你可能比較喜歡做公益，比較喜歡幫助別人，你可以去找一些公益組織合作，讓自己的個人品牌在最短時間裡面曝光。這些方式你都可以自己去做選擇，因為所有的方法，都是希望你用最「短」時間內去曝光個人品牌所做的規劃。

所以你做了這些事情的時候，如果你真的有興趣、有時間，那麼我會建議你以上說的方法都試試看，試完之後，你會知道哪一個最適合你，哪一個能最快累積個人品牌價值，對你是最好、最快以及最有幫助的。

當你知道怎麼做的時候，你就必須要把自己的作品準備好，把時間規劃出來，甚至把自己的設計思維跟設計系統還有品牌心經術一併規劃好，全部文字化。因為當你真的要爆紅的時候，當你真的去曝光個人品牌的時候，人們想看的，就是你的過去、你的經歷，還有你曾經發生過的事。

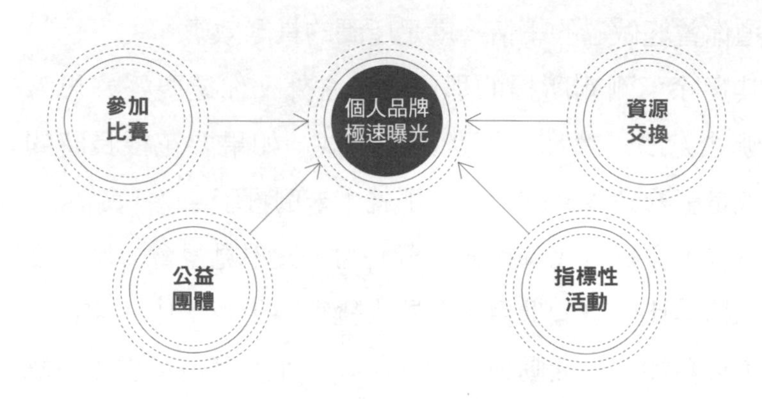

如果你有確實做到前幾個章節的練習、有在累積數位資產，有做一些整理的話，那麼你在爆紅的同時，別人就能看到你非常清楚的履歷，而且能馬上從陌生關係進展到信任的階段，完全不需要再花更多的時間去了解你的為人。因為你有自己的數位資產、自己的影片、作品集、文章等等，你還有個人粉絲團，你有自己的設計思維、思考方式，在跟別人表達的時候也很清楚自己的思考邏輯，你知道要說什麼？你知道做什麼？你知道說什麼話，別人可能會喜歡聽，你知道一些商業考量的方式，你也知道你要怎麼讓自己在短短時間內就讓人對你印象深刻。

這些在前幾個章節裡都有詳細介紹怎麼做，如果你有確實練習，那麼你到現在其實已經累積了相當多的數位資產，而這些數位資產不僅僅只是給你自己做參考，也可以給別人參考。雖然你只做了一件事情，但等同於是做了兩件事情，甚至可能會是三件事情。一樣用設計思維去好好整理，一樣用設計系統去帶入這些事情，讓每一步都做得確實，讓每一步都做得實實在在，這樣你的生意，你的獲利才會不斷地攀升與提升。

這才是我想要幫助你的方式，才是我想要讓你更快達到你理想收入的方式，這些方式你都必須去嘗試，必須要去做。都做完之後，你就可以教別人怎麼做，甚至你教別人的同時，你也在學習，可以再進一步做修正。

如此一來，你既可以在短時間內曝光個人品牌，也可以在裡面找合作機會，甚至大大節省你推廣個人品牌的時間。

35 你的信心就等於品牌

這裡所提到的信心是你對自己有極大的肯定，舉一個簡單的例子，在我做設計工作的第一年，我對自己的作品完全沒有信心，我覺得我只是在用學校所學的東西應付工作而已。

剛開始我完全沒有什麼經驗，做一個算一個，能不能稱為設計作品，自己都很懷疑。我覺得……在工作上這是一個很好的練習機會，每當我累積一個設計作品的時候，就覺得信心又增加了一點，再累積一點，信心好像又多了一點。後來我開始思考，好像可以再多做點什麼？應該可以再做得更好或是什麼的？所以我試圖去模仿一些國外的設計作品，去分析他們是怎麼做，怎麼開始思考的，怎麼拆解這些客戶提供的訊息，而當我分析完，確定可以做出來時，我會非常開心而且更加有自信。

在此，我想提供給你一些我實戰經驗的流程、工作方式，希望能對你有所幫助。

1. 首先思考如何找到自己要的目標客戶，社團？群組？參加活動？
2. 盡可能在這些地方曝光自己，發言或是認同別人想法

再加上自己的想法

3. 跟客戶第一次接觸，禮貌、詢問、表達自己立場、可以做的工作範圍
4. 確定案件後先收訂金，以確保雙方權益跟負責（收訂金是確定對方有心要找你做）
5. 透過聊天方式收集客戶訊息跟需求
6. 上網並實地勘查收集相關資料
7. 開始使用九宮格思考法針對「關鍵字」進行深入分析
8. 開始畫草圖和紀錄重要訊息
9. 確認設計稿後上機作業
10. 跟客戶確認交件時間後，修正設計稿

以上方式提供參考，這過程可以幫助你快速釐清你需要什麼和如何節省工作流程。

後來，我開始思考我要如何用更快的方式去拆解設計作品，我要如何用更快的方式去設計 logo，我用心鑽研國外設計師作品數年，我相信他們在做設計時都會發現一件事情，就是他們其實都會有瓶頸，那要如何突破瓶頸，原來是透過大量放鬆與閱讀，以及跟朋友聊天找到靈感。而當他們突破瓶頸時就會非常有信心，不但增加了自信，還增加自己更多的設計作品給客戶參考。

除此之外，他們還可以幫企業做高端品牌，為什麼平面設

計師到最後都可以幫企業做高端品牌。因為他們已經習慣製作大量的平面設計，而品牌設計是指什麼？就是把所有的平面設計全部系統化分類，再一件一件幫客戶實踐的過程。

這個就是企業品牌設計的一些雛形，在這裡談到的個人品牌的部分，你也可以仿照我在前面幾個章節所說的設計思維、設計系統、企業識別系統，還有品牌心經術裡面的能量醞釀跟爆發力的養成。而在這裡，談的信心就是運用之前談的幾個章節裡面的大量練習，讓你產生除了你本來平面設計師的能力之外，還能增加極大的能量信心。

而這幾種步驟加起來，會讓你的事業往前跨一大步，那就是你的思維會讓你的層次提高，也會讓你的眼界變得更大。當你的眼界變寬、變大時，你想的事情和思維也會完全不一樣。可能本來的報價是五位數，後來拉高到六位數、甚至到七位數，因為你有信心去提升你的報價，因為你覺得你值得，而且你也創建個人品牌、你擁有數位資產可以說服客戶。

你非常有信心的去報這個價格，因為你的努力被看見。你這麼努力的同時，也不斷地跟很多個人品牌合作，所以你有龐大的資源跟合作平台可以互相支援。你做個人品牌的信心，來自於你用專業能力幫別人完成一件又一件很困難的事情，同時別人也願意無私地幫你做引薦。

這些專業能力是靠你的經驗累積和不斷練習而來，而這些事情就是增加你信心的來源，並且讓你的生活品質得以提升。

而信心的另外一個層面是什麼？就是信譽跟心態。

對誰有信譽？對誰有信用？首先你要對自己有信用，當你提出你想要做的事情跟目標的時候，你要確實去完成，如果你沒有做到的時候，你應該做什麼事情去彌補？還有什麼方式可以追上自己的進度。或許你會想，幹嘛要這麼累，下班就休息、追劇和朋友吃飯、聊天、看場電影，滑滑手機……一晚上就過去了，還進修或建立個人品牌什麼的，很累。可是你有想過嗎？那些電影明星為什麼後來工作幾年就退休？因為他們建立個人品牌獲取了可觀的報酬，電影會不斷幫他們帶入收入，周邊商品也是。那些電影明星為什麼可以做自己喜歡做的事情，自己開自己喜歡的節目，又安排旅行？因為他們從個人品牌裡面獲利，又另外投資房地產跟其他事業，所以他們不用被工作綁架，可以做自己想做的事情。

所以，你要對自己下一個承諾，對自己下一個信用，當你這麼做的時候，你同樣也可以跟客戶要求這麼做，甚至，對自己的個人品牌抱著同樣的態度。比方說，我需要在九十天內完成我的個人品牌 logo 設計，我一定要完成，因為我準備在下一季做推廣，這就是你給自己承諾的信用跟信譽，而且你也可以跟客戶這麼說，他也會關心你的進度，期待你完成。

那麼，你抱持著什麼心態在完成這件事情呢？是百分之百投入的心態，還是百分之五投入的心態，這兩個態度決定你品牌的「能量」，也決定於你如何去醞釀這個品牌，推廣這個品牌的進度，如果你投入的 % 這麼少，自然在推廣這個品牌上也不會非常用力。如果你是百分之百投入在設計個人品牌的話，那麼你就會信心大增，而你的推廣力道也會非常大。

這個就是有了信心，就會有了品牌。當你完成這三點信心、信用、心態，那麼你個人品牌的魅力就出來了。

因為你一直在做對的事情，你一直在完成對自己的承諾，一直在完成對客戶的承諾。你對自己有承諾，你對客戶也有承諾，那麼你對這個世界就有交代。當你對這個世界有交代時，你就不會失去信心，還能累積更多的信心，累積更多信心的同時，你就可以幫助別人，教會他們怎麼去累積這些信心，當別人累積了信心、建立了個人品牌之後，他會非常感謝你。而且你不是只有一個人，你的數位資產影片、文字，還有一些聲音檔，全部都可以教會他們如何去建立個人品牌。

當你數位資產、技能什麼都有的時候，你就有龐大的信心可以幫助別人，有了龐大的信心可以做任何想做的事情。同時你也可以幫助別人，怎麼創建他自己的個人品牌。除了你知道的專業能力、logo 設計，另外還可以規劃怎麼幫助他推廣個人品牌。此外還能幫助他怎麼教會別人去做這件事情。

所以，你既然已經知道這麼多，就要去分類且執行，而剛剛提到的承諾，你自己一定要做到，這些事情並不是說說而已，而是你真的去執行。你閱讀了這本書的內容，就要徹徹底底去執行。

很多人之所以成功就是在於他對自己許下承諾——要在什麼時間內完成什麼事情。他以個人名義，也就是所謂的個人品牌信譽，希望自己可以做到什麼程度。當他許下承諾之後，並默默地執行幾年後他做到了，震驚了身邊所有的人，別人怎麼講他，他都不會去動搖，為什麼？因為他很清楚未來十年、二十年後，他的企業、他的個人品牌會成長到什麼樣子？會有什麼樣子的成就？他很清楚，而且他對自己有著極大的信心。

他應用企業識別系統跟設計思維，是整個商業設計的思維，所以裡面有很多的思維，你可以運用設計的基礎來幫助你快速思考，我之前的曼陀羅思考法，和一些不同的思考法，這些你都可以加以利用，甚至把它筆記下來。所以這本書不單單只是講個人品牌化的獲利方程式，另外還有談到設計思維及品牌心經術，這些都極為重要。

這些不單單只是要鼓勵你去練習，還要你找身邊夥伴一起練習，當你有了這些信心之後，你創建個人品牌就會相當快速。而且不但可以創建自己個人品牌，還可以幫助別人創建品牌，甚至讓這個品牌傳承到五十年、六十年、七十年、八十年、甚至一百年的時間，讓這個品牌信仰傳承下去。因為你學會了書中所談到的品牌心經術、品牌信仰，還有就是你做了大量的練習。你做完這些練習之後，也不要忘記把整個過程都記錄下來。因為如果你沒有記錄，別人就不知道你曾經做過什麼事情，也不知道從哪個點切入幫助你。也就是說你沒有記錄下來的話，別人就無法閱讀你、了解你和認知你，對你產生信賴感，最後導致無法與你合作。而他們也無法從你本來的經驗裡面學到更多的經驗，這樣就不能帶給他們信心，因為你並沒有留下任何的記錄讓他們去學習。

或許你的過程可能讓人羨慕、可能讓人佩服，但如果你並沒有記錄下來的話，別人就無法學習且記得是你給予的經驗，別人就沒有辦法把你記在腦海裡面，你的個人品牌也無法永續推廣。即便你再有更多的信心，如果你沒有記錄、沒有實例、沒有見證的話，這些都是沒有用的，因為這些信心只會在你自己身上，無法傳遞出去，也沒有辦法傳遞給更多人去記憶。

增加信心的方式

所以很多時候我們建立的信心，我們很開心沒有錯、我們也承諾自己做好多好多事情，承諾自己一定要做這些事情，而你卻沒有記錄的話，那麼這個時候就真的很危險，因為別人無法繼承你的想法，別人無法繼承你的信心，別人無法繼承你的一些寶貴的經驗。

信心的大小決定了成就的大小。只要相信我們能夠成功，我們就會贏得成功。

最後贏得掌聲的，是你那極具信心所完成的事業，甚至在後人閱讀你的經驗的同時，你也能開心地把知識經驗傳承下去。

「憑什麼我做不到」影片分享
https://lihi1.com/iKsgC

「為什麼要尋找人生目的？」影片分享
https://lihi1.com/il8lh

36 創個人品牌就是獲利的開始

很多設計師，很多的專業人士都在思考，等我案子穩定了，等我客戶變多了，等我賺更多錢的時候，我再來創個人品牌。

但是你知道嗎？在你想要做這些事情的時候，你已經沒有時間去思考你要做個人品牌的事情。因為你的客戶會一個接一個進來，你的案子會越來越多，永遠會有忙不完的事情、做不完的工作，你可能每一天都要工作到晚上十點，你可能……每一次都讓自己加班的合情合理。

你覺得一切順其自然，一切理所當然，可是你沒有想過一件事情，那就是為自己好好活著，給自己一些能量，給自己一些休假的理由，但是你都沒有。你唯一給自己休假的理由就是……我很努力在工作，所以，我才需要好好的休假，休假就是要放空，什麼都不要想，因為我很努力工作。

但這個理由根本就不是理由，為什麼？因為，這只是一個你想讓自己休假的一個藉口，甚至你可能會說，我休假就是不要再工作。而創建個人品牌，並不是在工作，而是為了你未來而打算，為你的未來可以輕鬆獲利而打算。

你的工作是客戶給你的，所以主控權在對方，你無法真正掌握這些事情，而你心裡也清楚，凡事拿報酬的工作，就是工作，不算是事業。而當你創建自己個人品牌的時候，是你自己給自己的工作，沒有任何人可以限制你，也沒有任何人可以要求你的進度。

如果你沒有創建個人品牌的話，你永遠在替別人工作，永遠在做別人交代你做的事情。你以為的休息，只是讓你暫時先離開工作，而不是讓你真正的休息。雖然放假在家，但你的腦袋依然在轉動，在思考怎樣可以更好，你的成就與作品，都被客戶全部拿走，而這些用金錢換取的作品，都滲雜著別人的想法在裡面，不會有你的純粹能量在裡面。

所以你一定要在還沒有獲利之前，就先創立個人品牌。因為這個品牌就像新生兒一樣，你必須花時間把他養大，花時間去觀察他，花時間去給他養分。在他長大成人之後，他會為你帶更多的客戶和錢進來。而這過程裡面，如果你已經透過練習，並累積龐大的數位資產，你就可以把這些數位資產當作籌碼，當作教育客戶的一些教材，以及分享給其他新朋友當見面禮。

所以，你的個人品牌可以幫自己什麼？就是在還沒有獲利之前先讓更多人知道你是誰，你叫什麼名字？有什麼特殊才藝？既然藝人都在做這件事情，為什麼你不做？可能你會說，因為那是他的工作，他是「藝人」，我不是。難道我們不是藝人，就不應該創造自己的個人品牌嗎？

我再舉另外一個例子，同樣是麵包師傅，吳寶春為什麼要出國參加比賽，因為他知道個人品牌的魅力相當重要，能幫自己的麵包店加分，隨著他得獎越多，在開店時慕名而來的消費者就越多，許多媒體都爭相想報導他，所以他用自己的名字做為麵包店的招牌。由於他去參加比賽的整個過程，有媒體不斷跟進，而他也很聰明地善用媒體來包裝自己的個人品牌，這就是為什麼他要用吳寶春作為店名，而不用其他的名字。因為他就是以個人品牌來推動企業品牌。

以上這兩個例子如果你聽懂了，就開始去建立個人品牌，而不是等你獲利了、客戶變多了、事業穩定了再來做這件事情，那時候的你已經沒有「心」去做這件事情了。

所以我想再舉另外一個例子，那就是很多時候我們在想，個人品牌一定要找設計師去做嗎？個人品牌一定要有 logo 這件事情嗎？其實不然，因為你的名字就是你最好的個人品牌。你的 slogan 就是最好介紹你個人品牌的方式。

很多時候我們可能沒有預算去請設計師幫我們設計一個 logo，但沒關係，你只要持續不斷地 po 文，持續曝光自己，持續用你的名字去說故事、介紹個人品牌。當別人記住你，越來越多人去推廣你名字的時候，那麼你就是一個最好的個人品牌代表。

誰常常做這些事情呢？除了藝人，演員也很常做這件事情，尤其是拍電影的演員，為什麼他們要做周邊商品，因為等他們的電影下線的時候，還能讓他們持續不斷獲利的就是周邊商品，如果他們做周邊商品又能賣到全世界，可想而知，那個獲利非常可觀。

像是《鋼鐵人》的電影，《鋼鐵人》從第一集開始拍的時候，還沒有人認識他是誰，只是覺得這個題材很有趣。後來導演嗅到商機，以「鋼鐵人」這個個人品牌的名義，再推出第二集，他讓鋼鐵人開始竄升個人品牌魅力，所以鋼鐵人裡面裝的是誰？裝的是一個不知名的演員。在第三集的時候，大家才開始去追蹤這個演員，才開始回頭找他的過去，所以鋼鐵人帶動了這個演員的個人魅力，帶動了這個演員的身價。而在第四集的時候，鋼鐵人已經開始幫這家電影公司賺進大把大把的鈔票。這個題材也從本來的個人擴展到企業裡面，那就是《復仇者聯盟》，也是以個人品牌與個人品牌的合作獲利方式在進行。所以在《復仇者聯盟》裡面，有很多的角色都是以個人品牌的角色在進行，而且是非常鮮明的角色，當他們一起合作時，他們的吸粉能力就非常可觀。

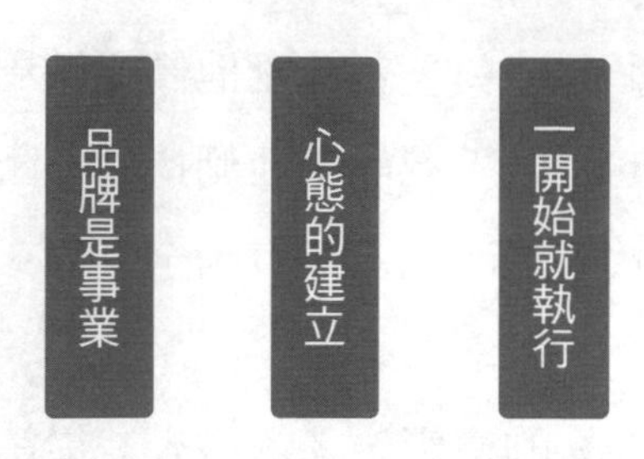

對於個人品牌的想法

所以，是不是一開始，你就要創建自己個人品牌呢？做好自己的名字，想好自己的形象設計。舉了這麼多的例子，你是不是要開始動作了？你是不是應該要開始去做好這件事情了？讓自己可以在還沒獲利之前，就已經準備好自己的個人品牌，甚至你也準備好讓別人怎麼幫你介紹你的個人品牌。

啟動品牌自動思考獲利模式

PERSONAL BRAND
MAKES MONEY FORMULA

37 如何開始經營個性化品牌

想像一下，你正在打造一個虛擬人物，而這個虛擬人物要非常像你，除此之外，這個虛擬人物還要比你優秀，比你好，具備你的優點但沒有你的缺點。這個就是你的個性化品牌，擁有你的體格，擁有你的長相，擁有你的一些專業能力與技術。這些專業能力都是你賦予給他的。你可以從小開始培育他，讓你的個人品牌變成一個有情感的產物。

為什麼要把他虛擬化？因為品牌是有溫度、是有個性的，而且個人化品牌絕對是你的複製人，絕對就是另外一個你。他可以二十四小時幫你工作，雖然他沒有辦法回應你，沒有辦法對話，但是你給予他的一些精神、養份、溫度、他通通都會記載到他的形象裡面，甚至在時機成熟時，他會回饋給你更大的幫助，那就是獲取更多的獲利，幫你賺更多的錢。

所以在此，我想簡單與你分享一些步驟，讓你在生活中，就能一點一滴打造屬於自己的品牌。

首先，你不需要絞盡腦汁去思考什麼樣的個性品牌才適合你。在前面的品牌心經術就提到，你只需要去發掘自己內心的能量，發掘自己內心的一些需求，發現自己真正內心的自我，而這些內心的自我，你要記錄下來。用來創建你的個性化品牌，這個個性化品牌在你還沒有任何想法的時候，你可以這麼做——就是先看看別人成功的樣子，先看看你羨慕的對象，先看看你喜歡的偶像長什麼樣子……你想要成為的那些人，你就把自己個人品牌的性格設定成那個樣子，再賦予它生命力。

品牌個性

何謂生命力？就是具備一定能量與影響力，還有一些情緒表現等等。所以當你看到一個明星，你很喜歡他，把你喜歡的特點都寫下來，用九宮格思考的方式寫下關鍵字，再全部視覺化畫成一張一張的圖，而這些圖就是你個人品牌的雛形。

寫下關鍵字後，你要開始去思考什麼樣的圖案適合五到六個關鍵字，把它濃縮進去，思考一下什麼樣的故事適合這五個關鍵字，如果你剛好是設計師，你就有辦法設計出一個 logo，因為這些關鍵字就是你發想創意的最佳線索。如果你是專業人士的話，也可以使用這樣的方式，把你的關鍵字交給你信任的設計師去設計屬於你自己的個性化 logo。

俏皮的	努力的	有智慧的
喜歡幫助人	欣賞的偶像	脾氣好的
喜歡運動	記性好的	配合度高

分析品牌個性

接著開始去思考，這個個性化的品牌，未來會走到什麼地步？比方說，一個韓國明星。他本來只是一名演員，後來他進化到成為電影明星。他也許本來只是偶像劇演員，後來他朝大銀幕發展去拍電影，整個層級就完全不一樣，整個影響力也完全不同。所以你的個性化品牌，未來要成長到什麼階段？就是從你設定關鍵字開始。

舉個簡單的例子，如果我想要成為運動明星，我是不是要找一個運動明星，是讓我景仰、佩服的運動明星，或者是讓我覺得很厲害的電影運動明星，當我設定好後，我就必須要把自己的品牌塑造成那個樣子，再加入自己的一些優點，加完之後就開始思考適合我跟他優點融合在一起的關鍵字。

思考完後把它視覺化、logo 化，甚至到最後我必須要給它一些脾氣，勢必讓這個品牌具備一些個性。比方說，這個品牌可能會生氣，這個品牌可能會鬧彆扭。這個品牌可能會說出一些非常幽默的話。你要設定這個品牌像個人一樣，讓它有血、有肉，甚至有心跳、有溫度。這樣的設定你才會影響更多的人。

這樣的品牌就像一個人，這樣的人是一個虛擬人物，會二十四小時幫你傳播你的個性、你的優點，甚至你更多的想法，而那些認識你的人，都是透過這個品牌來認識你，透過這個性化品牌認識你的時候，你就可以省下非常多的心力，因為看到這個 logo 就等於看到你。所以看到你等於看到這個 logo，而你的個性就會投射在這個 logo 上面，非常清楚且耀眼。

曾經有客戶不只一次跟我講過這樣的話——我覺得你設計的 logo 很有生命力，很符合我個人形象，讓我看到它就好像看到我自己一樣，我很喜歡這個 logo 形象，我的朋友、客戶一看到這個 logo 就會立刻想到我——這個就是個性化品牌。

再舉一個例子，星巴克的 logo 是個女海妖的造型，我們看到她的時候會馬上聯想到星巴克的企業品牌。為什麼？因為個人品牌的魅力直接連結到企業品牌，所以女海妖形象把個人品牌魅力直接連結到了企業的品牌。當你看到星巴克 logo 的時候，你不偏不倚地就會想到星巴克咖啡。因為他們的品牌做得非常好！！

當你擁有了個性化品牌的時候，你會開始細心照顧它，給予它好的成長空間（網路世界）。就像我剛剛提到的星巴克的女海妖，她就是非常有個性、有溫度的一個品牌。

再舉另外一個例子：「肯德基」，肯德基爺爺在六十歲的時候才開始自己的事業，他的招牌笑容是他個人品牌的特色，同時這個笑容等同於他的個性，就是一個活潑開朗的老爺爺。

而肯德基所有的 logo 跟周邊商品都是以笑臉老爺爺來做品牌形象設計。所以，肯德基在設定自己個人品牌時，就是以笑容、開心分享為出發點——「我在做炸雞的時候是非常開心地在做炸雞。」來當他的精神理念，甚至個性化品牌一推出來的時候，所有的企業都知道，這個肯德基就是一個笑容親切和藹的老爺爺。

透過以上這兩個例子希望你可以明白，品牌是有溫度的，而且個人品牌更有溫度，因為你賦予它能量、生命力、以及更多價值，所以上文提到兩個例子，就是要你思考一下在看到你個人品牌的圖案時，是不是可以讓人馬上聯想到你，可不可以用人物肖像的方式來製作自己個性化品牌，當然可以，只是如果要註冊商標，建議用更簡化的方式設計，因為這樣過件率也會提高許多。

這樣也方便將來你生產周邊商品的時候就不太會有印刷等問題，以及一些延伸性的問題。當你有了個性化品牌，你可以做另外一件事情，那就是讓別人說說他對這一個個性化品牌是什麼樣的感覺？覺得他有什麼樣的個性？這個資料的蒐集跟回饋非常重要，因為當你覺得「好」，別人不見得也會覺得好，當你覺得「不好」，別人反而覺得不錯，你必須透過別人的建議來進行修正與改進，讓自己的個人品牌更好。

你越來越好的時候，你就會明白自己的個人品牌有真實感的價值存在，而且能幫你帶入很多無法想像的資源。肯德基爺爺剛開始設計 logo 的時候，一開始的 logo 是非常複雜的，而且還有一些漸層的陰影，後來也是做了一些修正，應該說是做了數次的修正，從非常複雜的線條一直簡化，拿掉陰影之後再繼續把線條做簡化，線條做簡化之後還不夠，又把顏色做減化，之後還把人物改得更精簡，如今肯德基的 logo 已推出了第七代，也跟上時代的潮流，而一直傳承下去。

肯德基爺爺隨著時代在進步，而你也要一樣，個性化的品牌也必須隨著時代進步，你必須在每五年的時候去修正你的 logo。星巴克這麼做，肯德基那麼做，你也要這麼做。每五年檢視一次自己的品牌，是不是需要修正，是不是需要改進？是不是需要進步？

所以我們一定要每五年檢視一下自己的品牌，是否已經落伍了？是否還要再找設計師重新調整一下 logo。如果你自己是一位設計師，你每五年要修正自己的個性化品牌 logo，讓它看起來更具備未來感、更具現代感。當你做了這件事情之後，logo 不僅僅能傳承超過十年、二十年、三十年、四十年、甚至五十年以上的時光。

到最後，我們假如上了天堂，我們的形象依然可以留在人世間，就像肯德基爺爺一樣。

KFC logo演進

38 先有想法才會有個人品牌

思想，我們稱之為意念，而這個意念，是你受外在刺激、衝擊，有了情緒反應，內心起了漣漪能量後，所沉澱出來的意念跟想法，而這個想法不僅僅是外界給你的一些刺激跟壓力，也不僅是內心發掘的一些能力，而是這兩個融合起來，另外一種真正的力量。

我曾經有過這樣的經驗故事，一個想法已經在我的腦海中醞釀非常久的時間，我甚至迫不及待把它落實出來，因為我不斷去看、去聽、去聞、去觸摸，不斷讓大腦記憶很多不同素材的東西，且我的腦海中不斷出現很多影像跟創意，也不斷在沈澱，而我，進一步把它記錄下來，因為它是兩種能量的碰撞融合，後來，等我真正用設計能力完成這些沈澱出來的能量時，我很驚訝，因為畫面裡面充滿著滿滿的能量且不斷散發出來。

後來，我開始思考，如果我可以把這樣的公式，用在我的個人品牌上面的話，豈不是更好！

我就曾經有這樣感覺，每一次在幫客戶設計 logo 時，我都在想，如果我能擁有自己的 logo 那該有多好？我可以怎麼怎麼做，而不是客戶教我怎麼做，這些想法不斷在我腦中迴盪著。

當我有這些想法產生的時候，我都會把它記錄下來，可能過一段時間我會忘記，這時我會去翻翻筆記本，看看原來當初那些想法是非常有力量的，而且能量具足，能讓我產生更多新的想法，而這些想法都是可以獲利的，可以自動幫我衍生出非常多的想法，因為這是一個自動生成的想法。

為什麼叫自動生成？有點像細胞分裂的感覺，而細胞分裂就是一個無性生殖。它可以從一個想法分裂成兩個想法，再分裂成四個想法、八個想法。依此類推，有很多的想法，都是從第一個想法開始，所以當你有一個想法的時候，你就已經開始在做個人品牌了，而你開始在做個人品牌的時候，請你把這些想法全部記錄下來，而且是不間斷地記錄下來。

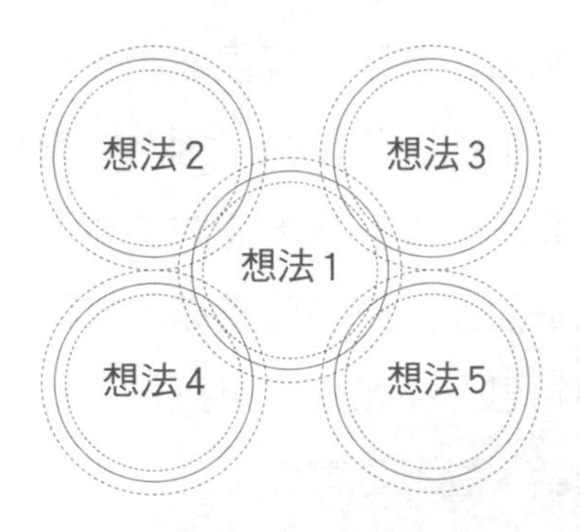

把興奮的想法都記錄下來

請隨身準備一本小冊子，大概是手掌心的大小，這樣的大小是為了方便記錄每一次讓你感覺非常興奮的想法。你要把這些想法全部寫下來，之後在某個時間整理後能全部濃縮到你的個人品牌 logo 裡面，濃縮到你個人品牌的一個介紹詞裡，濃縮進去後，你就能不斷地散發你的個人魅力。

所以這個想法到底有多強？當你的這個想法已經落實的時候，是可以影響幾千幾萬人，因為這些想法別人可能也曾經想過，但並沒有把它做出來，而如果是你做出來的話，這個就是你自己獨特的想法、是你自己個人魅力的想法，所以當你有了個人想法的時候，等同於你已經開始在做屬於自己的個人品牌。你已經在無形中建構數位資產，並且不斷修正與進步。

接著你會一直想如何讓這個個人品牌更好，不斷用心思考還能怎麼進步。

你想要把你之前所學的任何東西跟所有的技能全部用在自己的身上，全部回饋到自己身上，而這個回饋的動作，不僅僅只有你在做這件事情，你身邊的朋友或是專業人士也都會有這樣的念頭。當他們開始有想法時，也是在創建自己個人品牌，由於你們是同時在進行，等到成長到另外一個階段，時間到了，你們會遇見彼此，甚至開始合作。

所以當你做完這件事情，腦袋就會自動幫你生成非常多的想法幫你沈澱下來。你看到第一個想法，就會想到兩個想法、兩個想法就有四個想法。而這個第一個想法，你可能會在睡覺的時候產生、可能會在非常放鬆的情況下產生、可能是在非常激動的情況下產生，不論是在任何環境下產生都好，你一定要記得記錄下來。

我曾經有過這樣的經歷，就是腦中突然跑出一個非常令人興奮的想法，當時我想等我回到家，再把它記錄下來，這個想法這麼好、這麼令人興奮，一定不會忘記！！結果回到家之後，我居然沒有一開始那麼興奮、也沒有想要把它寫下來。我甚至覺得這個動作非常愚蠢！因為我覺得根本沒有必要做這件事情，好像這個想法也不是那麼完整和成熟，還有一絲絲覺得丟臉，之後我也忘了這件事。

但是後來想起來我很後悔自己當初沒有寫下來，因為那時候的想法很有可能讓我現在獲利更多，很有可能不僅僅是我自己獲利，還可能幫助我身邊的朋友獲利。而我當時卻沒有把它寫下來，我其實非常後悔沒能認認真真地把它記錄下來。

而這些想法，有時候不僅僅是你自己有的想法，有時候可能是和身邊的朋友閒聊時，讓你聯想出的一些想法。比方說：你想要穿運動明星球員的衣服，衣服剛好是你喜歡的顏色，搞不好這個顏色很適合，你忽然有這樣的想法誕生時，你的企業色就出來了！！因為這個明星球員跟你的個人品牌企業色相當吻合的，所以當你運用個人品牌的企業色等同於你擁有這個明星球員魅力的感覺。

類似這樣的想法誕生時，請一定要確實記錄下來，因為這些想法是非常有能量和力量的。而且當時的你一定對這樣的想法異常興奮有感覺，所以你才更應該把它記錄下來。

有時候聊天會產生很多天馬行空的想法，甚至是一些不切實際的想法，這些都很不錯，把那些最令人興奮、有感的關鍵字全部記錄下來，並分享給你身邊人，為什麼呢？因為別人的想法也許會和你的重疊，若你們兩個人的想法正好重疊時，你們可以一起去完成這個想法，創建個人品牌。

其實你本來就是一個非常聰明的人，你本來就會運用各種資源整合，只是你沒有把整個系統化、關鍵字化、整合化，你只是覺得說這一個動作，跟這個技能應該每一個人都會，就不在意了，可能又會覺得說，我記錄，別人也記錄，那不是在跟我競爭嗎？

其實不是！！你必須要保持一個合作的態度，因為你的個性和別人的個性完全不一樣，所以當你保持一個謙卑的態度，經營自己個性化品牌，別人就會很想要跟你合作，願意與你配合，因為你的品牌是有想法的。

你的品牌自動會產生新的想法進來，因為當媒體在曝光你的品牌時，很多人就會開始回饋一些建議給你，而且是非常寶貴的建議，這些建議可能會產生更多獲利的機會，這就是自動化的獲利方式。

因為你創建個人品牌 logo，因為你推動了設計思維和系統，因為你運用了品牌心經術裡面的內容，讓這一個品牌非常具有個性化、未來感，甚至能為你代言。別人看見之後，媒體看見之後，產生了興趣就會透過這個 logo 跟個人品牌來聯繫你，與你談合作。

這就是屬於自己的個人品牌的運作方式，可以做到自動化運作，甚至不用花更多力氣在經營這個個人品牌。剛開始可能會比較辛苦一點點，但沒有關係，這都是過程。當你做完這個過程，你就可以更輕鬆地經營個人品牌，甚至可以再創建第二個、第三個個人品牌。

就像生小孩一樣，你生的第一個小孩覺得個性還不錯，於是你會想要生第二個，覺得兩個小孩個性都不錯，就可以把他們細分開來，進行不同階段的培養。每個人個性都不太一樣，各有各的特色，都有各自的個性，而這些想法跟培育方式你都必須要把它記錄下來，在日後創建品牌時能立即用上，讓自己的品牌日後不斷壯大和幫助更多人。

品牌意志傳承

1910 年，一名法國服裝設計師可可．香奈兒（Coco Chanel）創辦了一個品牌——世界知名品牌香奈兒（Chanel）。當時可可．香奈兒服裝設計師設計了很多貴族、名媛的服飾、配件，令她紅遍了法國時尚圈，因為她幫那些名人、貴婦們設計的衣服都非常前衛。

香奈兒品牌至少將近有一百年的歷史，為什麼她會被傳承下來，因為可可・香奈兒把她定義為奢侈品。她設計的所有作品都是屬於奢侈品精品系列。所以當女士們使用了香奈兒品牌，就會覺得自己像是個貴族、名媛的投射象徵。

香奈兒設計師當時想要傳達就是，當你擁有我的作品時，擁有我的設計時，你等同於和貴族一樣高貴、雅緻、優雅、魅力十足。所以可可．香奈兒把她自己的意志想法、經營理念、精神和個人品牌傳承下去，後來她傳給自己的子孫，她的子孫以及品牌經理人將這品牌經營得非常好，甚至將她的意志再擴大，從法國開始擴展到全世界，成為世界知名的香奈兒品牌。

一直到這幾十年，香奈兒不僅僅有服裝配件的品牌，還有自己的鑽石珠寶、手錶和香水的品牌。所以香奈兒品牌從本來的服裝設計一直擴展伸到周邊商品。香水、鑽石、手錶……這些都是因為香奈兒的一些個人化品牌所帶給她的珍貴價值。

而香奈兒從個人品牌出發，她一直在堅持做一件事情，就是要將服飾做到非常精緻，一定要設計出足以匹配名媛、貴族的服裝，因為可可．香奈兒的堅持，一直到現在把這個意志完善地傳承下來，她做了一個非常好的典範，而她的後代子孫以及品牌經理人也同樣繼承她的意志，持續經營好這個品牌，甚至有許多世界知名品牌都想要跟香奈兒合作。

創建自己個人品牌的時候，你一定要思考「你有什麼樣的專業能力與精神理念、感人故事」，可以讓別人傳承下去？

例如，我是設計師，我打造自己的設計師思維系統，我打造自己的品牌心經術跟打造自己的獲利方程式，而這些方法我全部將它系統化記錄下來，把它文章化，而我後代的子孫，甚至想要學設計的人，都可以繼承我的意志、我的想法跟我的行動，可以繼續完成我未完成的夢想，甚至擴大我的品牌，或是代理我的品牌替我獲利。

另外一個例子就是：迪士尼的米老鼠，在華特．迪士尼畫米老鼠的時候，他是啃著麵包在畫圖，當時他並沒有任何的想法，只是無意中看到一隻老鼠爬過他的腳架，於是華特．迪士尼就以老鼠為雛型，創造出眾所皆知的米老鼠。而這隻米老鼠也是屬於個人品牌系列，後來米老鼠有他自己的女朋友米妮，之後又有了他們自己的朋友叫高飛狗，高飛狗有另外一個朋友叫唐老鴨。米奇跟米妮和唐老鴨都是好朋友，所以從一個個人品牌延伸到第二個個人品牌再延伸到第三個人品牌到最後，華特・迪士尼創造了一個王國，那就是迪士尼樂園。而迪士尼樂園也具備了「品牌心經術」裡面的六感體驗，這些六感體驗，你都會在迪士尼樂園裡面看見、聽見、聞到、嚐到、碰到。

所以你要把自己的意志提煉出來，把自己的意志想法寫下來，並思考要怎麼去傳承？而這個傳承的關鍵是什麼？那就是幫助更多人找到快樂，幫助更多人獲利。因此你必須要……去尋求更多的幫助跟意見來完成這個意志的傳承，而不單單只有你自己在做這件事情。

在前面幾章我有提到，你必須要在生命裡面找到自己的導師、自己的生命夥伴來完成你個人品牌的部分，這樣這個意志才會越來越成熟，才會越來越完整。最後，你會捨不得放掉這個意志，因為你非常喜歡這個品牌，到最後在你即將離開人世

時，你還會捨不得放手。這個就是你打造自己個人品牌到極致的最後關鍵。

你會很喜歡自己的個人品牌，因為你把你所有的精神、這一生所有的精力全部都投注在這個個人品牌裡面。那些喜歡你品牌的人會主動傳遞你的故事，他們甚至喜歡你的故事更勝於你自己，因為你帶給他們太多太多的影響和幫助，還有許多獲利，這個就是互利自動化的方程式，因為你做好了系統化，別人接受之後，繼續幫你擴大，繼續幫你經營你的個人品牌，而且是自動化地幫你經營個人品牌，你不需要再自己費工夫去經營，別人就會把它經營得有聲有色。因為你的品牌有價值、有影響力，所以他們也想要與你合作來獲利。這個就是你的意志傳承。

小叮噹《哆啦A夢》（日語：ドラえもん），在早期的時候也是屬於一個個人品牌的魅力展現，而小叮噹為什麼那麼受歡迎？因為他的口袋有很多不可思議的工具、而這些工具機器來自於一百年之後的世界，二十二世紀的世界。而小叮噹就滿足了我們想將不可能化為可能的夢想。

所以小叮噹的意志是由誰創造的？就是作者藤子不二雄，藤子不二雄創造了小叮噹，他將自己的想法與夢想、意志還有未來的夢想，全都投注在小叮噹身上，讓小叮噹繼承這樣的意志，創建了自己個人品牌，繼續為後世的人創造快樂。因此小叮噹這個個人品牌做得相當成功，因為他已經把藤子不二雄的意志全部繼承到自己身上，他再把這個意志繼承到喜歡他的人身上，甚至到最後，連小朋友、大人都非常喜歡小叮噹，因為他的意志不斷地在影響所有人，而他的意志跟做法能持續滿足大眾的需求。所以，小叮噹一直到現在還在幫藤子不二雄的一些子子孫孫賺錢。小叮噹不僅僅影響了個人，影響到整個企業品牌，甚至影響到日本，影響到了全世界。

現在你知道了吧！意志傳承的重要性。如果你做好這件事情，你的所有的獲利全部都會自動化。

作者：日本漫畫家藤子・F・不二雄

資源分享

哆啦 A 夢五十週年電影預告片

https://lihi1.com/eHtVi

40 拿學習設計的樂趣來經營個人品牌

我們回頭來看身為設計師的自己，我們在做所有的平面設計都在做的事，那就是——保持熱情，這個重要的事情也包含要做你的個人品牌經營、個人品牌呈現上面。

早期我們幫客戶設計企業品牌，我們花費很多心力去設計，查找非常多的資料，很認真跟客戶溝通，比對資料，我們甚至會超出客戶的預算來做自己喜歡的設計，而讓客戶在看到設計稿的時候大為驚艷。

我們從一開始因為喜歡設計，從學習素描、水彩、廣告顏料一直晉升到繪圖軟體、最後學會設計、平面設計、海報設計、名片設計，而這些所有的設計都在訓練觀察力，這些所有的觀察力都在告訴你一件事情，那就是你必須好好思考這些事情，是否對你現在跟未來有什麼任何幫助。

觀察力後面的真相，就是讓你有一些設計思考的能力、促使你想要行動的動力。因為在你觀察的過程中，你就已經開始在思考，我要如何把這個畫面畫出來，我如何用我自己的專業能力把這個畫面呈現出來，所以在素描的過程裡面，你在思考這件事情，或許當初你可能感受不到，但漸漸你會發現。

我們學設計是從基礎開始，透過素描學會觀察力，接著學習廣告顏料跟水彩，學會了配色力，接著就是透過繪圖軟體，我們學會了媒合的能力，學會了如何使用一些數位工具來呈現自己作品的能力。我們學會了基礎設計跟色彩學能力，那這些能力你具備之後，你可不可以把學習這些能力的樂趣轉換成經營個人品牌、重新再學習一次，重新再執行一次，重新再做好一次。

說真的，我也是這樣過來的，從素描裡面開始慢慢去觀察，再從水彩練習如何去配色與色彩計畫的廣告原料部分，學習如何去疊加我的色彩。從觀察中我發現了一件事情，那就是每一次的觀察，我都有新的發現，造型的發現、字體的發現、顏色的發現。這些發現的累積就成為我的經驗，每一次的發現都令我非常開心！！這樣的樂趣是別人沒有辦法與我一起共享的，因為只有我自己知道我在做什麼事情。

而且只有我自己知道，原來在畫畫時是非常紓壓，原來在做設計時，是非常紓壓。客戶交付案子給我們設計，裡面有著客戶的想法和需求，都是正常的。我們必須要做到與負責，其實會有一些阻礙跟彆扭，這時候反而是累積經驗的最好時機，因為我們是在用自己的設計能力和專業能力來整合客戶的需求。透過不斷累積與實作專案設計，我們也能開始規劃自己的個人品牌。

那麼現在，機會來了！！如果你有時間，你有經驗，你就可以開始去做自己個人品牌。用學習設計的樂趣去經營個人品牌，是相當不錯的！！而且相當快速！！等你學會怎麼用自己的興趣經營個人品牌的時候，你會發現這不是一件工作，而是你的樂趣。你會發現，你每一次在推動個人品牌的時候是非常開心，而不是痛苦。因為你不把它當作工作，你把他當作一種樂趣！！

當你把你的個人品牌當作樂趣來做的時候，那麼你會進步得非常快。舉個例子：我在過去十幾年裡面，我從來都沒有想過要做個人品牌。而是在經過十年之後，我開始看到有人利用網路經營個人品牌，才知道個人品牌要怎麼去運作。而且網路的發達時代是在這近十年才開始盛行，才開始有人做網紅、做youtuber，才開始有人經營個人頻道。而這些早期都是屬於誰的領域？主播的領域、電視主持人的領域，還有一些購物頻道主持人的領域。

這些都是我們無法觸及的，因為你必須要有特殊的專業技能，你才有辦法進入那個圈子，而現在環境不一樣了，你可以

快速擁有自己的頻道、自己的空間、自己的平台，這些都在你手邊觸手可及。所以你可以利用你學習的樂趣，來經營你個人的品牌，讓他慢慢擴大，且資訊的取得也是非常容易，你不用擔心你學不會，網路上就有影片。相對的你可以更快速地用設計的理念跟設計的想法，去設計自己的個人品牌。

為什麼我們要拿學習的樂趣來經營個人品牌，因為你將會忘情地沉溺在快樂中，並且持續學習。在別人看似很困難的工作，其實對你來講是很簡單的，就像是別人要花一星期的時間，你可能只需要做一天就可以完成。

在過去很多人都用這樣的方式在經營自己個人品牌，他可能在某個領域非常厲害。而他也發現，有一些人（網民、粉絲）喜歡或是需要這個領域的一些方法跟一些事情。所以，他就開始開闢自己的個人頻道，去教授這些領域的一些方法與做法，而後就有一群人開始追蹤他、訂閱他的頻道。

很多人都是這樣開始個人品牌規劃，剛開始是先做一些自己喜歡做的事情，後來會有追蹤者跟粉絲，再後來又有一些民眾喜歡看他的頻道、貼文，喜歡他推薦的方法、產品，久而久之人數變多了，廣告商就進來了，開始有點個人品牌的味道成形，接著他的個人品牌開始發光、發熱，他就要找設計師幫他設計 logo。

另外一個例子，就是在某一個領域的專家，比方說：主播侯佩岑，本來就是專業的新聞主播。後來她想做更多元的藝人，所以她想要嘗試突破框架，做自己喜歡做的事，而不單單只是在做主播這件事情。後來她轉型得相當成功，因為她勇於嘗試突破框架，她什麼都學，而且學習能力非常強，因為她受過主播的專業訓練，她用主播的學習態度來學習新事物，所以她不斷地接代言活動、綜藝節目活動，就是想讓別人看見她有多元化的發展，讓觀眾知道她其實不單單只是主播，她還有其他專業技能。她是用樂趣在學習新事物，她所學的新技能是用主播的技能來觸發自己學習新技能的動機。所以當你本來就有具備設計能力，你可不可以用這個設計能力的學習樂趣的心態去做你的個人品牌，把自己個人的品牌推廣出去，並且發展多元化的類似技能。

很多時候我們都會以為學習一個新技能，或者是經營品牌，是非常困難的事情，其實不難，因為如果我們先把困難想在前面，就會真的變困難。如果我們不去想那麼多，先去行動，先去做了，等遇到困難再想辦法解決，相對就會快速許多。

為什麼有一些人就是喜歡去做自己個人品牌，而不是去瘋狂接案子呢？因為個人品牌是可以累積價值的，是可以累積獲利的。如果你是瘋狂接案的設計師，你不斷累積一些成功案例的作品、累積不少好作品，那都是你幫別人設計的作品，不是你為自己設計的作品。

所以從現在開始，你必須要用學習設計的樂趣，去經營個人品牌，並且你還要讓更多人知道這件事情。因為如果越多人知道，你推動個人品牌的機會將會越來越高，而且你學習的動力也會越來越高。甚至你可能因為別人的鼓勵，會越做越起勁，會更加有動力。

因為每一個人都需要被鼓勵，每一個人在經營品牌時都需要掌聲。因為每一個人都是在掌聲中學習長大的，一個品牌就像新生兒一樣，你鼓勵他，激勵他，甚至給他機會成長的話，他一定會長成你想要的樣子，一定會做好自己該做的角色，他也一定會給予你最好的回饋。

現在，請你思考一下，什麼事情會讓你做起來很興奮的？什麼事情你執行起來是開心的？你以這樣的心態去經營個人品牌，就會相當成功。

養好你的個人品牌

我是到自己的孩子出生後，我才知道個人品牌的重要性。

小孩子給人的反應是非常直接，而且天真的。個人品牌也是如此，有時候我們也想說小朋友犯錯就應該懲罰他，但小孩是會學習大人的，你曾經做過什麼，他才會跟著做，當我意識到這件事情的嚴重性之後，我就特別小心自己的一言一行。

而個人品牌的部分，他也會犯錯給你看，怎麼說？你以為你做好個人品牌丟到市場裡，別人就會接受，很可能……你這樣的做法是錯的！！行銷是錯的！！因為你沒有去驗證，你沒有去觀察，你就把這個個人品牌丟到市場裡，而它在成長的時候，會經歷非常多的碰撞，它會回來告訴你……其實你哪裡哪裡做錯了，你應該把我修正成更好的樣子，讓我更完整投身到市場裡面去驗證。

小朋友也是如此，他會跟你說我需要什麼東西，應該給我什麼東西？我想要什麼東西？你是不是要給我這些東西。小朋友的需求是非常直接的，所以當你給小朋友什麼教育，小朋友將來就會長成你給他的一些教育形象。而個人品牌也是如此，雖然他不會像小朋友一樣跟你要東西，但他會適時地在市場上反應給你看。

養好你的個人品牌代表什麼？代表將來你必須要靠它吃飯！你必須要靠它來獲利！！在前幾個章節裡面我們有講到，品牌是有溫度的，品牌就像一個人一樣，它是有個性、有脾氣的！！而到最後，這個品牌會長大成人甚至離你而去、被別人接手管理，甚至你會老化，你會離開這個世界上，但這個品牌會繼續繼承你的意志，繼續幫你獲利，以及給你的後代子子孫孫去繼承。

迪士尼樂園就是這樣子，華特・迪士尼過世之後，迪士尼樂園還在幫他賺錢，迪士尼樂園做的是什麼？就是意志的傳承，迪士尼樂園現在就是一個長大成人的樣子，而且是一個壯年的樣子，漸漸步入中年的樣子，現在則是一個非常有智慧的老人樣子。迪士尼樂園在每一個時期都有不同的樣貌，而且不斷地在進步，隨著時代一直在成長。

所以你的品牌或許將來在別人接手的時候可以做得更好，因為到那個時代，科技的進步、時代的進步、知識的進步……遠遠超過你的想像。所以，你現在只需要先起個頭，開始去做個人品牌設計，開始去做個人品牌心經術。開始執行設計思維，所有的開始都必須從你自己本身做起，從你自己開始執行，只有你先開始了，別人才會跟進。

也許，在你經營的過程裡會有非常多的干擾，這些干擾全都是對你的考驗，你是不是認真想要經營個人品牌，還是你只是開開玩笑，你的態度將會決定你的品牌樣貌。而或者，你真的只是玩玩而已，所以你每一次在經營個人品牌的時候，都沒有超過三年，甚至沒有超過五年。可能你每五年就換一次，因為你覺得自己的設計能力好像有進步，所以想用新的設計能力來設計新的 logo。所以你的個人品牌形象一直在換，你身邊的朋友、客戶好不容易花了三年的時間熟悉了你的個人品牌的 logo，沒想到你又換了新的 logo，這是非常弔詭的事。

你好不容易生個小孩，後來你又不要這個小孩，又生了另外一個小孩，所以那個小孩在被你丟棄之後，他再也沒辦法有任何的動力，而新的小孩，你又要花時間去培育、教育他，甚至給予養分。

養育個人品牌是相當重要的。你可以給它能量、給它溫度，因為它能幫你帶來非常多的獲利，幫助你在將來能做少少的事，就有大大的獲利。

很多的藝人、明星，或是那些專業技術工作者都是這樣開始的，可能他一年只接四個案子，但每個案子都有七位數的收入，他可以在一個非常輕鬆、沒有壓力的情況下執行自己喜歡的設計專案，而你也一樣，能有機會做這件事情。

因為你的品牌夠大、夠響亮，你有自己的數位資產、自己的粉絲團、自己的個人網站，你個人網站不斷帶給你生意，你的粉絲團不斷有新的粉絲加入，你說的每一句話，每一個行動，都可以左右整個社會的經濟脈動。

舉一個簡單的例子：股神巴菲特是大家經常掛在嘴邊的一名風雲人物，而他經營什麼呢？除了經營一些股票之外，他還經營個人品牌，還經營得非常成功。因為每一次股票大漲大跌第一時間就是看股神巴菲特做了什麼。

那麼回頭看看你自己，你有沒有自己個人品牌的故事？難道股神巴菲特真的這麼厲害嗎？難道沒有比他更厲害的故事嗎？其實是有的，那為什麼我們還是會立即就聯想到他？為什麼每一次談到股票投資的時候就會提到他，因為他是最響亮的、別人常聽到的名字。

反過來想，你如何讓自己的名字，讓自己個人品牌變成最響亮的名字。最響亮的個人品牌，讓別人只要提到某個領域就立刻想到你，而不是其他人。你有沒有想過讓更多人知道你是誰？養好你個人品牌，讓你的名字從本來的亞洲市場，一直到其他國家的市場。你想不想讓自己個人品牌遍布全世界，讓每一個人都知道你的存在。

你有沒有像前美國總統歐巴馬（Barack Obama）一樣，除了競選總統之外，他還出了書，他用媒體把他的消息傳播到亞洲地區，讓亞洲地區的人也認識他，甚至買他的書。你有沒有這樣做？有沒有這樣的計畫？你有沒有這樣的思維與這樣的系統來拓展你的事業？你有沒有把自己的個人品牌當作一個事業？

如果上述說的你都有做到的話，那麼你在經營個人品牌就會相對容易，而且你也打算做好傳承的動作，因為你有做好記錄。而這個記錄的動作，就像是湯瑪斯．阿爾瓦．愛迪生（Thomas Alva Edison）一樣，他有非常多的手稿，每個手稿都是他重要的發明。他把所有的手稿全部記錄下來，讓後世的人有機會看到他的成果與發明。

李奧納多．達文西（Leonardo da Vinci）也是如此，更多知名的人物，也是做了這件事情。包含你知道的音樂家沃爾夫岡．阿馬德烏斯．莫扎特（Wolfgang Amadeus Mozart）、機械師古納．雲古托羅姆（Gunnar Ljungstrom 蒸汽渦輪發明者），這些人都會把自己的手稿留下來，有效地記錄過程和經營個人品牌化，然後把這些方法再傳承下去。

這本書已經到了最後的尾聲，看了這麼多的內容，你是否清楚你要做什麼事情了嗎？你是否已經知道怎麼開始了嗎？

在這裡，我想跟你分享一個小秘密，就是我在 2020 年 6 月寫這本書的時候，當時時空背景是在一個沒有光害、滿天星辰的高山房子的社區裡，這裡有蟲鳴鳥叫聲，有森林環繞微風徐徐的聲音，心情自然是愉快且舒服的。雖然時間是夏天，但是入夜後有涼風吹拂，令人心曠神怡。因為沒有空氣污染，所以我看到的地方幾乎都非常清晰。從陽台放眼望去可以看到 101 大樓，山巒圍繞，在一個滿天星斗的夜空下，完成這本書。

這本書的內容，全部都是在這樣的環境下寫出來的。也就是說，我是在一個很安靜很舒服的地方，寫出了這本書。等這本書完成出版，你也了解到一件事情，就是設計師、專業人士、企業家在寫任何內容時，都必須要在一個很安靜、能量很夠的環境下，才能產生出靈感，而我，選擇了一個很安靜的環境成就自己的個人品牌，來醞釀個人品牌的能量。

我用著不同的設計思維來造就未來個人品牌的模樣，而我也希望……將來你也可以在這樣的環境下誕生你的個人品牌。:）

・甘樂文創草圖展覽(1) - 手繪logo草圖

・甘樂文創草圖展覽(2) - 手繪logo草圖

・星巴克手繪杯-奇異筆不打稿速寫

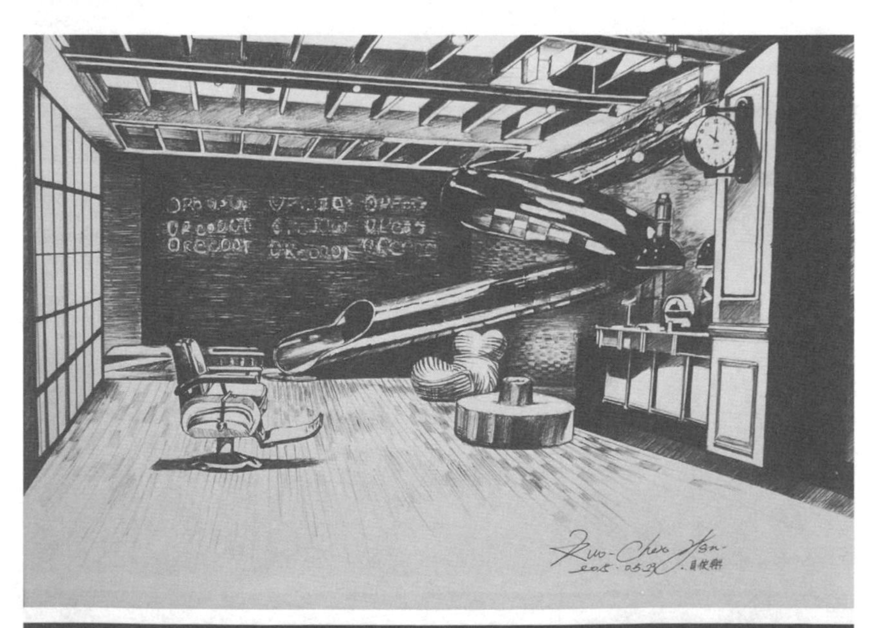

・台灣台中紅點文旅-原子筆不打稿速寫

・個性化名片設計

・草圖與日本旅行速寫側拍

• 澳洲墨爾本教堂-St Patricks Cathadral 原子筆不打稿速寫

50個免費網站

01. 免費高質感圖庫網
https://pixabay.com/

02. 快速 logo 產生網
https://www.logofury.com/logo-samples

03. 高質感設計教學網
https://tutsplus.com/

04. 國際設計新聞網
https://www.digitalartsonline.co.uk/news/

05. Canva 設計學校教學網
https://designschool.canva.com/

06. 國際經典設計網站
https://www.pentagram.com/

07. 全球設計師部落格
https://www.invisionapp.com/inside-design/

08. UI/UX 教學網
http://androidux.com/

09. 設計師問題教學網
https://www.intercom.com/blog/

10. 網羅了大量的平面、插圖、攝影等設計師作品
https://www.behance.net/

11. 網路上許多設計師都十分推崇的作品集，還不錯的靈感來源
https://issuu.com/

12. 大量的工業設計類作品，適合品牌設計及工業設計人才找靈感
http://www.coroflot.com/

13. 專業攝影師及平面設計師的作品合集，適合相關設計師找靈感
https://carbonmade.com/

14. 插圖及繪畫的作品合集，有許多很有獨特風格的插圖設計
http://www.hireanillustrator.com/

15. 日本的網頁設計作品大賞，有許多知名網站都上榜，還不錯的靈感來源
http://responsive-jp.com/

16. 免費 PSD 模板網站
https://psdrepo.com/

17. 最佳設計平台 / 投票機制
https://www.awwwards.com/

18. 設計靈感 + 設計教學網
https://abduzeedo.com/

19. 全球流行設計
https://dribbble.com/

20. 日本的質感網站
https://muuuuu.org/

21. 倫敦設計部落格
https://www.itsnicethat.com/

22. 室內設計與工藝網站
https://www.designsponge.com/

23. 日本設計資源匯集網站
http://www.4db.cc/

24. 匯聚設計靈感充沛網站
https://onepagelove.com/

25. 韓國設計網站
http://koreawebdesign.com/

26. 日版質感高的設計網站
https://www.webdesignclip.com/

27. 日本 logo 設計網站，含 logo 設計解說
https://logostock.jp/

28. UI 分類設計網站 (很詳細的分類)
https://collectui.com/

29. 美國年度最重要的資料書籍和在線網站
https://www.directoryofillustration.com/

30. 著名包裝網站，創立於 2007 年。提供豐富的產品包裝欣賞和評論
https://thedieline.com/

31. 來自全球各地的包裝設計
http://lovelypackage.com/

32. 日式高質感設計網站
https://cahier.design/

33. 日本各地網站設計
https://81-web.com/

34. 類似線上新聞英文網站
https://designobserver.com/

35. 收集各種產業的部落格
https://www.smashingmagazine.com/articles/

36. 各式各樣設計的網站
https://www.core77.com/

37. 網站設計的工具區
https://simular.co/resources/type/inspiration.html

38. 一個專門在說電影的網站
https://www.subtraction.com/

39. 各種字體介紹 / 印刷
https://typographica.org/

40. 匯集全球經典設計
https://www.logodesignlove.com/

41. 各種設計資源的教學網站
https://blog.spoongraphics.co.uk/

42. 藝術家網站
https://www.designmattersmedia.com/designmatters

43. 給插畫師的靈感網站
https://www.designbetter.co/

44. 套用各式周邊商品
https://placeit.net/

45. 專門配色的線上網站
https://colorme.io/

46. 簡易配色網站 + 運用範疇
https://colorsupplyyy.com/app

47. 免費下載網頁模板
https://www.os-templates.com/free-psd-templates

48. 高質感插畫世界
https://dribbble.com/outcrowd

49. 專屬 UI 網站
https://www.mobile-patterns.com/

50. 各式模板設計
https://interfacer.xyz/

設計師提問Q&A

Q 品牌定位如何與受眾族群有長久的黏著度？

A Yo Yo Eva 你好：

如果你有職校護理與長期照護的基礎，不妨可以這樣做。護理著重在於細心照顧與耐心的訓練，可以把這樣的專業領域套用在設計上面。比方說，在視覺設計上面，如何透過畫面讓對方有溫度且感同身受。長期照護部分在於對於居家的收納與整理的規劃與運用，可以應用在網頁引導的設計上，使用更加流暢與快速瞭解你的專業。若是有動物插畫的技能專長，也可以用在跟客戶維持關係的生日卡片與賀卡上面的繪製。

所有的專長實踐都跟你的技能脫離不了關係，且不需要花你太多時間去運作。要跟受眾有長久的關係維持，就看你提供的核心專業，能不能快速、有效解決對方的問題，受眾看的是這個專題課程是否能馬上解決我目前面臨的問題。如果受眾喜歡，可以繼續做類似的課程再繼續熱化粉絲的熱度，讓他們喜愛的溫度繼續上升。最後，要去哪裡找受眾，提供一個管道，就是在 FB 參加你喜歡、有興趣的社團，在裡面長時間鼓勵按讚＋留言，當別人注意到你，便會開始喜歡你進而去瞭解你的專業，買你的課程與找你做服務。

個人部落格：https://vocus.cc/user/@eva.keyla

Q 不知道該如何開始建立一個個人品牌，希望它完整清楚，卻又不知道方向是不是對的。又或是已經確定好品牌走向，卻害怕太普通，跟其他品牌雷同。

A Hell AOI 你好：

在這本書裡面我有詳細提到關於如何建立個人品牌的一些方式，且是完整清楚的生活實戰經驗。如果你已經看過本書的內容，那麼以下這些重點你可以嘗試看看。九宮格思考法，列出你喜歡的事情、以及你的優點是什麼，還有就是別人無法取代你的專長，試著把這些全部融合起來整理一下，接著，放在你常出沒的社群或是社團裡面，請大家評估看看，適不適合你，這樣是既快速又節省時間的方式。

Q 請問插畫家經營多種角色的個人品牌，在有限的資源、時間、預算，該如何步上軌道，漸入佳境呢？

A Sitara 你好：

首先我不確定你說的多種角色是指哪些，不過我可以以我的經驗跟你分享。我之前自己成立個人工作室的時候，需要切換的角色有：業務開發、設計師、管理、會計。

每次都在這幾個角色不斷切換。在有限的資源、時間預算緊縮的情況下，我後來選擇全力專注在我的設計專長裡面，再跟擅長配合業務開發的人合作，接著再盡量精簡工作時間，維持品質。這麼做的原因很簡單，因為重新學習新的專長很花時間，不如團隊一起合作。當然，你還是要規劃一些短中長目標，在書中有提到，你可以參考看看。實踐之後，可以幫助你解決以上的一些問題。

個人部落格：https://linktr.ee/sitara0405

Q 如何兼顧社會關懷又能獲利？（如何能在為社服機構、弱勢團體、倡議團體及非營利組織做設計之虞，又能從中獲得相對利益，當然，此利益並非僅止於錢，可以是任何的報酬。不知道您會如何對這種經費很少的機構，開相對應條件的酬勞～）

A Hell J.Long你好：

首先你可以提出十件你可以為社會提供的服務，花時間在這十件事情上面。找出你最感興趣的機構，只要一個就好，接著跟該機構有影響力的人建立關係，適時觀察給予幫助，記錄這些你做過的所有過程，再把這些過程整理成簡報，寄給下一個機構，讓他們去消化並對你產生興趣。

如果說是實際的報酬——可以轉換成人脈，人脈可以幫助你做很多你想做的事情。而對於經費少的機構，我只會跟他們說一件事情，那就是：希望你們幫個小忙，讓我的專業能讓更多人知道。

個人部落格：https://lihi1.com/XGJ4T

Q 在零資金的部分怎麼推廣個人品牌？除了臉書 IG 等等之外 如何做有效擴散？

A Alicia 你好：

如果我們想要「免費」推廣個人品牌，你可以用「時間」當作籌碼，來運作你的個人品牌推廣。比方說：你可以參加實體，有學習性的社團，來訓練自己的演說能力，同時也可以曝光自己的個人品牌。另外，FB 也有很多學習型的社團，可以嘗試評估加入，原因很簡單，你可以選擇自己有興趣的話題在下方留言，並且按讚。雖然這樣推廣個人品牌速度較慢，但慢慢累積會有擴散效應，就像滴水穿石一般簡單有力。如果上述方式你都試過了，那麼你也可以試試這樣的方式，到知名人士的粉絲團（前提是你要有興趣，這是你的原動力），在你感興趣的文章在下方留言，讓有影響力的人帶動你的個人品牌。像我就是加入星宇航空粉絲團與社團，並且留言跟按讚，慢慢累積個人品牌魅力。

Q 請問如何定位個人品牌的客群，讓品牌能更精準打入想設定的客群市場？

A 可以使用九宮格思考法（書裡有提到）寫出自己喜歡做的關鍵字專業，尋找喜歡這些關鍵字的客群，寫信給他們，只要他們願意參與活動就免費送一束十朵玫瑰花，從回饋裡面挑選長青的客戶，再用花與美女合照，放在粉絲團與社群媒體分享，找出潛在客戶，寫下關鍵名單，再跟資深產業前輩請教名單如何運用與引薦。

FB：https://www.facebook.com/amorflores2018
網站：https://www.marry.com.tw/studio-67857

Q 現在還在努力的做曝光，在平台上分享自己的創作，但吸引點還在努力的製作。

A 「吸引點的部分，你可以使用我書裡面所教的，九宮格思考法，讓自己把所有優點關鍵字化，如果你時間充裕的話，可以把這些關鍵字全部設計視覺化，再放到社團讓別人去留言，從留言裡面看看哪些圖是吸引人的，再繼續針對那些圖深入地研究跟創作。這樣你可以精準地知道你的潛在受眾喜歡什麼，不喜歡什麼。你可以藉此讓更多人同時看到你創作過程跟努力的經過。同時潛在客戶也會注意到你，期待你的持續進步與發展。」

關鍵字搜尋：INATAGRAM

編排分享

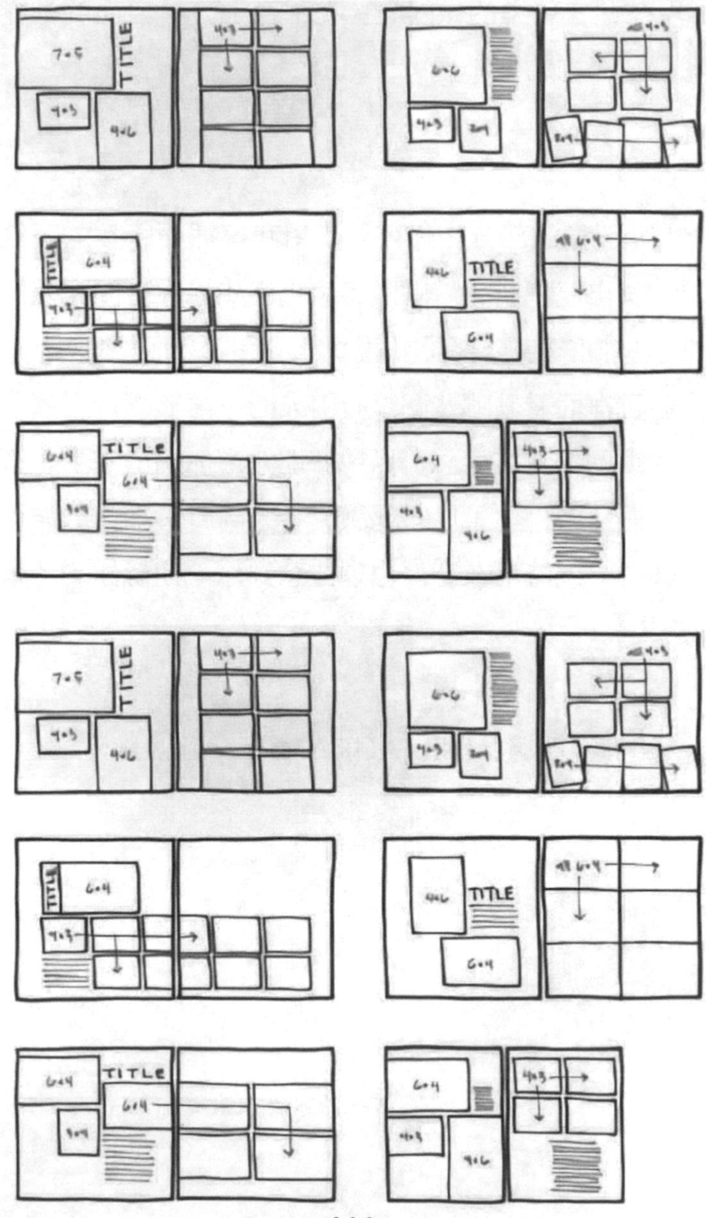

TITLE
5x7
6x3
3x2
T
4x8
4x4
TITLE
4x6
4x3
3x2
TITLE
5x7
6x3.5
TITLE
4x6
6x3
3x2
TITLE
4x6
4x4
3x2
title here
7x5
5x7
and here
big
title
6x4
3x3
TITLE ACROSS THE TOP
6x3
7x5
4x6

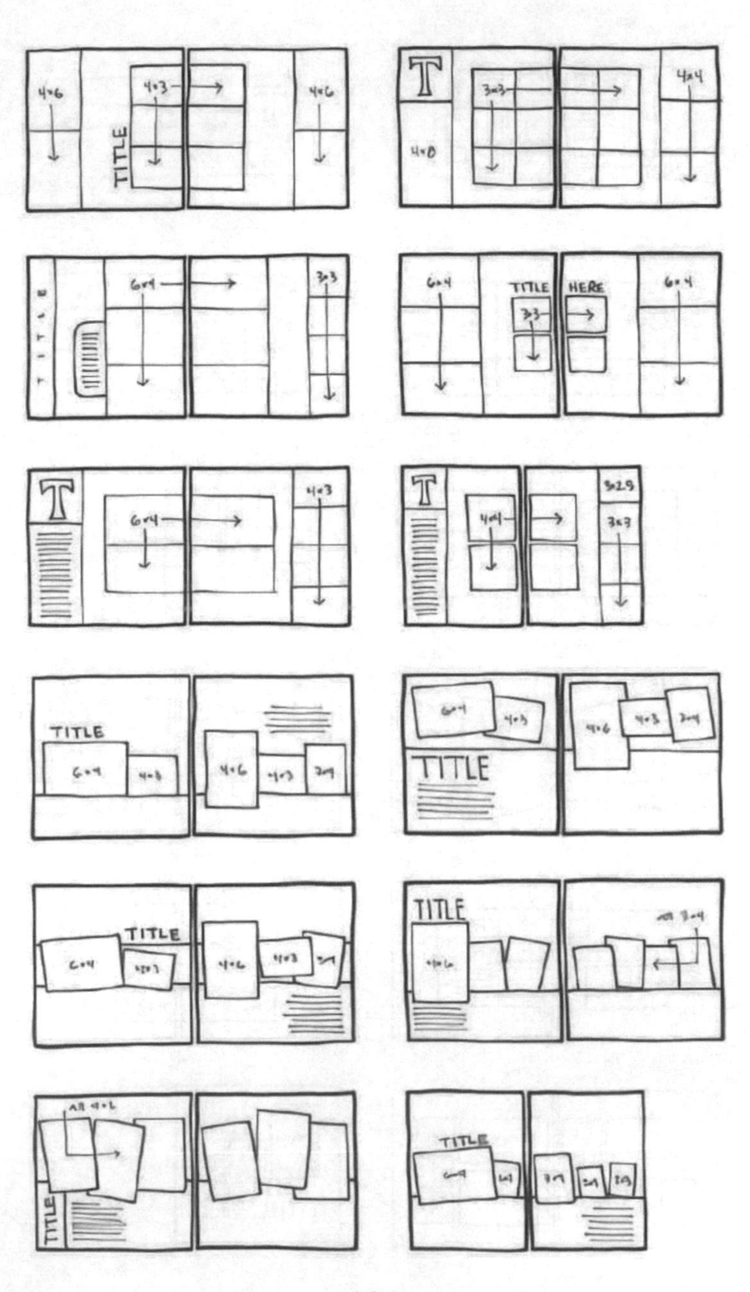
TITLE
TITLE
HERE
TITLE
TITLE
TITLE
TITLE
TITLE
TITLE

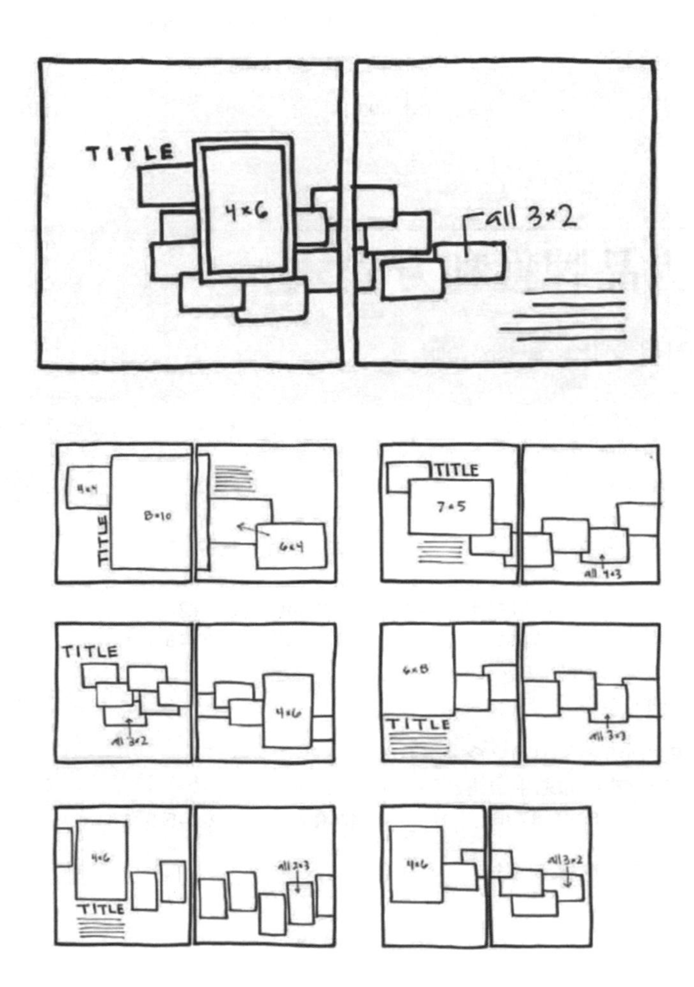
TITLE
4×6
all 3×2
4×4
8×10
TITLE
6×4
TITLE
7×5
all 4×3
TITLE
all 3×2
4×6
6×8
TITLE
all 3×3
4×6
TITLE
all 2×3
4×6
all 3×2

國家圖書館出版品預行編目資料

個人品牌獲利方程式 / 許國展 著. -- 初版. -- 新北市
: 創見文化出版, 采舍國際有限公司發行, （TOTAL
FREEDOM ; 02）2021.07 面 ;公分
ISBN 978-986-271-904-6(平裝)

1.品牌 2.行銷策略

496.14 110007742

個人品牌獲利方程式

創見文化 · 智慧的銳眼

本書採減碳印製流程並使用優質中性紙（Acid & Alkali Free）通過綠色印刷認證，最符環保要求。

出版者／創見文化
作者／ 許國展
總編輯／歐綾纖
文字編輯／蔡靜怡
封面設計／許國展　美術設計／瑪麗

台灣出版中心／新北市中和區中山路2段366巷10號10樓
電話／（02）2248-7896　傳真／（02）2248-7758
ISBN／978-986-271-904-6
出版日期／2021年7月

全球華文市場總代理／采舍國際有限公司
地址／新北市中和區中山路2段366巷10號3樓
電話／（02）8245-8786　傳真／（02）8245-8718

全系列書系特約展示門市
新絲路網路書店
地址／新北市中和區中山路2段366巷10號10樓
電話／（02）8245-9896
網址／www.silkbook.com

本書於兩岸之行銷（營銷）活動悉由采舍國際公司圖書行銷部規畫執行。